盈利新思維

阿米巴模式的科學管理法

內部交易×成本分攤×報表管理
運用數據驅動決策，打造靈活高效的管理體系

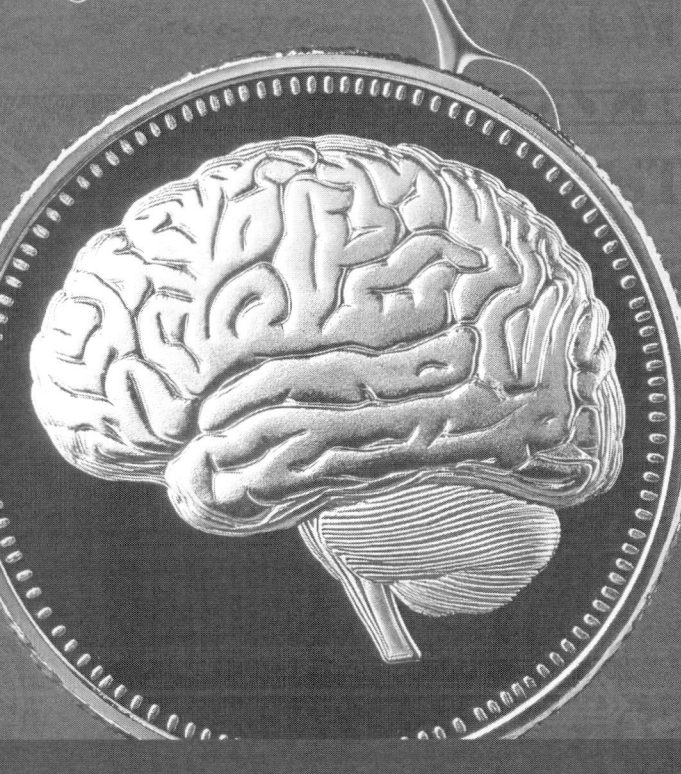

胡八一 著

從數據到利潤，阿米巴經營的精細化管理！
經營核算、年度預算、內部定價、獎勵機制，

建立自驅型企業文化，
在變化的市場中持續創造價值！

PROFIT
REIMAGINED

目錄

序言   005

前言   009

第一章   阿米巴經營會計概述   011

第二章   阿米巴經營會計科目   043

第三章   阿米巴費用分攤   079

第四章   阿米巴內部定價   129

第五章   阿米巴內部交易規則   153

第六章   阿米巴目標預算   183

第七章   阿米巴經營會計報表的建構與運用   259

第八章   阿米巴經營分析及落實操作   285

序言

阿米巴經營模式是什麼？

　　阿米巴是一種單細胞微生物，牠能自身不斷分裂複製，且為了適應外在條件而變形。稻盛和夫據其兩個特點，結合松下電器事業部制，創立阿米巴經營模式。

　　所謂阿米巴經營模式，簡而言之，即把公司分成多個自主經營組織（即阿米巴），每個經營組織均須獨立核算、承擔盈虧；抱持利他雙贏理念，鼓勵員工增加收入、降低費用；最後利益共享，共創幸福企業。

　　三字以蔽之：分、算、獎！

阿米巴經營模式有何成果見證？

　　1978年後，市間自覺學習日本管理模式、美國管理模式，諸如全面品質管理、精實生產、整合行銷傳播、波特競爭策略等，卻也只是片段而非整體。

　　唯有阿米巴經營模式，上自經營哲學、中到組織設計技術、下抵日常表格操作，事及全員，而非某些職能部門，於是持續產生成果。

　　先是稻盛和夫業績可嘆，如今世界耳熟能詳：

- 自創京瓷，伊始維艱，人數不過半百、廠房不過三間，用阿米巴經營模式後，業績持續成長，榮登世界前500大！
- 組建日本KDDI，整合多方人才資金，用阿米巴經營模式後，打破壟斷、衝出重圍，業務從零開始，再攀世界前500大！

序言

- 日本航空鉅額虧損，瀕臨倒閉，鳩山首相三顧茅廬、稻盛和夫八十高齡下山，用阿米巴經營模式後，一年轉虧為盈，反超同行！

阿米巴經營模式為何能夠產生極高收益？

首先，阿米巴經營模式符合人性。

它從人性方面思考，形成經營哲學，正確引導經營方法，而非捨本逐末，以為某種管理方法即是「絕招」。

以下三個問題的答案，即從人性角度思考得出，而非管理學科。

- 為何只有老闆關切經營利潤，然而員工卻只關心做事本身？

因為我的工作離利潤太遠，無法關注！

- 為何部門之間總愛爭論推諉，最終只有老闆才能協調解決？

因為他們互是同事關係，而非買賣關係！

- 為何員工總是覺得薪資不夠滿意，卻把原因歸為老闆小氣？

因為薪資是老闆給的，不是他們買賣賺來的！

其次，阿米巴經營模式能夠滿足時代需求。

當下員工多數不為生存安全而去工作，他們需要的是人格尊重、精神自由，滿足這種心理需求之舉，莫過於「我有地盤，我能作主」！好吧！給你一個阿米巴，讓你作主！

「網路」已讓千萬「草根」創業成功；政府鼓勵創業、津貼也層出不窮，誰不曾蠢蠢欲動？老闆若不滿足員工創業衝動，員工必將外出創業。好吧！給你一個阿米巴，讓你去創業！

最後，阿米巴經營模式提供了技術保障。

好心未必做成好事，皆因方法不對；慈悲未必修得善果，全是智慧不

足。一味符合人性、一味滿足員工，當然也就未必成功。

勵志大師鼓譟成功，可是從來不曾給出成功的邏輯、成功的階梯，以為充滿熱情，便可成功。結果弟子除了再去鼓譟，別無他法！

阿米巴經營模式則不然，包含如何分類阿米巴，如何內部定價，如何建立內部交易規則，如何核算收入、成本，如何分析阿米巴盈虧，如何改善不良，如何分享收益……唯一所剩，就是你的行動！

阿米巴經營模式是否適合我們的企業？

古今中外之人，雖有認知差異，從而形成文化差異、觀念差異，然而人心、人性無異！

管仲新政，故有齊桓九合諸侯，無非分、算、獎。

商鞅變法，故有大秦一統天下，無非分、算、獎。

明治維新，故有日本趕超亞歐，無非分、算、獎。

對應前面所述三個人性問題，解決方案，無非分、算、獎！

故此，這個問題不是問題！

阿米巴經營模式如何應用在他國企業？

稻盛和夫數次宣傳理念；成立機構若干，誦讀精進。然而理念如不加以技術應用，則是空談！

我們敬重稻盛和夫，但非膜拜；我們學習阿米巴，但非照抄！

書中內容，乃是一家之言，供您參考、探討。

願您成功！

是為序。

胡八一

序言

前言

　　企業成功實施阿米巴經營模式，其特徵就是匯入阿米巴經營會計體系。

　　阿米巴經營會計是阿米巴經營體系最直接的落實工具，能夠解決管理會計和財務會計解決不了的問題，直接為阿米巴經營服務。

　　阿米巴經營會計最大的功能是實現視覺化經營。

　　傳統財務會計報表，是對企業經營的「無創造性」紀錄，是財務專業人員做的事。身為非財務專業的經營者，無法快速透過繁多的數據釐清經營狀況。阿米巴經營會計緊緊抓住與經營相關的核心數據，時刻盯著這些數據的變化，並把數據運用到工作流程中，形成高效能、易懂的阿米巴經營會計報表，運用數據促進經營。

　　阿米巴經營會計的價值不在於阿米巴報表核算數據有多麼準確，而是透過經營會計報表，激發巴長及其成員的經營意識，即時反映阿米巴的經營狀況。

　　經營會計報表的主要魅力就在於它的通俗易懂和簡單明瞭，讓企業家第一時間快速掌握企業經營狀況。

　　阿米巴經營會計是一套嚴密的體系，決策者需要掌握其要領。

　　本部分內容為決策者和巴長應知應會，並熟練應用。

前言

第一章
阿米巴經營會計概述

企業經營的核心問題,即如何提高銷售額、如何減少費用的問題。日本京瓷公司和 KDDI 之所以幾十年維持高利潤;日本航空之所以能從瀕臨破產,迅速成為全球行業獲利冠軍,都是按照「銷售額最大化、經費最小化」這條異常簡單的原則來營運整個企業的。

為了持續創造高收益,企業除了要依照正確的原則劃分阿米巴組織,正確的會計體系同樣必不可少,而這門重要的會計體系,就是——經營會計。

經營會計是阿米巴經營的重要落實工具。其概要如圖 1-1 所示。

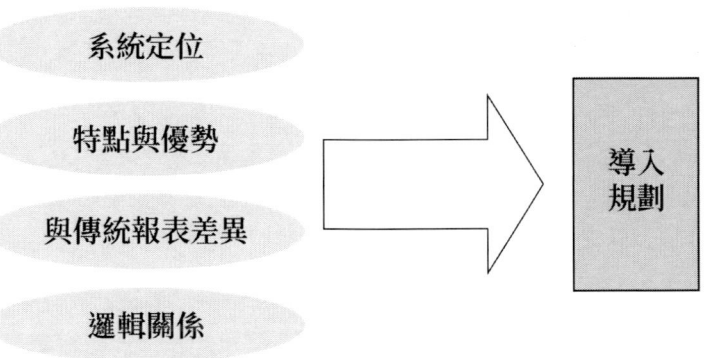

圖 1-1　阿米巴經營會計概要

第一章　阿米巴經營會計概述

▎本章目標

① 了解：阿米巴經營會計的特點與優勢。
② 理解：經營會計報表與財務會計報表的異同。
③ 理解：經營會計的邏輯關係。
④ 操作：制定、規劃公司的阿米巴經營會計報表體系。
⑤ 了解：阿米巴經營模式對財務的要求。

▎形成成果

① 阿米巴經營會計報表體系規劃和匯入時間表。
② 阿米巴經營的特徵。

第一節
阿米巴經營會計的特點與優勢

▍提示

　　本節內容是進入阿米巴經營會計體系的鑰匙，需要深刻理解，不需要進行操作和形成方案。

　　阿米巴經營會計是基於牢固的經營哲學和精細的獨立核算管理，把組織劃分成一個個小的團體，透過與市場直接連結的獨立核算制，實現全員參與的核算方式。其主要特點是：層級管理、組織細化、全員參與、自主經營。

　　經營會計是實踐阿米巴經營必備的系統量化工具。與源於西方的財務會計、管理會計不同，經營會計源於日本，由「經營之神」松下幸之助最早發明，是一門直接以促進經營提升為目的的會計體系。

　　經營會計以數據回饋現場，即時應對市場變化。阿米巴經營會計是反映阿米巴整體經營狀況的一套核算體系，可以清晰地顯示出阿米巴的損益狀況。只有將複雜的問題簡單化，才能讓阿米巴全體員工都了解。在阿米巴經營模式裡，「人人都是經營者」，只有掌握住現場的經營數據，阿米巴管理者才能準確地做出決策。這也是阿米巴經營的精髓所在。

　　對於會計的重要性，我們以一個比喻來說明：如果把經營比喻為駕駛飛機，會計數據就相當於駕駛艙儀表上的數字，機長相當於經營者，儀表必須把時時刻刻變化著的飛機高度、速度、姿勢、方向……正確、即時地告訴機長。如果沒有儀表，就不知道飛機現在所在的位置，也就無法駕駛飛機。所以，如果企業離開了準確反映經營實際狀況的會計體系，那麼，

第一章 阿米巴經營會計概述

經營者就無法展開有效的經營判斷。

阿米巴經營會計報表的出現，解決了「企業家如何一目了然地掌握實際經營」、「如何透過量化的數據來貫徹經營者意志」的世界性難題。

> 思考：阿米巴經營會計報表的價值展現在哪裡？

在傳統的財務會計報表中，企業管理者無法一個人從這些繁多的數據中，發現企業哪一項業務能維持獲利，哪一項業務正處於虧損狀態，哪一項業務需要發展壯大，哪一項業務必須控制收縮，並立即制定相應的對策。但是阿米巴經營會計能正確利用這些數據，讓企業內部所有員工都時時刻刻盯著這些數據的變化，並把數據有效運用到工作流程中，形成高效能、易懂的阿米巴經營會計報表，運用大數據，讓企業更強大。

阿米巴經營會計報表與傳統財務會計報表的差別，主要有如下幾點（見表1-1）：

表1-1　阿米巴經營會計報表與財務會計報表的差別

比較要素	財務會計報表	阿米巴經營會計報表
作用	報告財務狀況及經營業績	掌握經營狀況並及時調整對策
報告對象	外部相關部門和權益相關人	各級巴長
製作者	財務會計部門	巴長
計算準則	相關法律、法規	公司內部規定
計算對象	公司的綜合財務報表	各巴的經營會計報表

第一節　阿米巴經營會計的特點與優勢

比較要素	財務會計報表	阿米巴經營會計報表
功能	主要核算	包括預計、預提，最後核算
報表週期	月、年	日、週、月

1. 目的對象方面

在目的對象方面，傳統財務會計報表是向公司的利害關係人報告公司的財務狀況和經營成績，一般服務和提供財務數據的對象，是股東或最高經營者。

阿米巴經營會計的數據提供對象，是企業中有阿米巴經營行為的人。阿米巴經營會計報表最大的特點，不在於阿米巴報表核算數據有多麼準確，而在於阿米巴報表的製作者是巴長或巴長指定的成員。透過阿米巴經營會計報表，可以激發巴長及其成員的經營意識，即時反映阿米巴經營狀況。

> 思考：阿米巴經營會計對你有哪些幫助？

2. 計算週期方面

財務會計報表一般是事後計算。傳統財務會計一般以月度、季度或年度為週期，對過去一個較長週期的財務數據進行統計分析。

阿米巴經營會計報表即時反映經營狀況。阿米巴經營會計報表一般做到月報，最好能做到週報。經營會計以天、週、月、年為週期，對短期內的經營狀況數據進行統計分析，為經營者提供經營決策依據。

> 思考：如果經營報表做到週報，好處在哪裡？

3. 在合規方面

財務會計報表需要符合相關的法律、法規，而阿米巴經營會計報表只要符合內部規定即可。

4. 在原則和科目方面

阿米巴經營會計報表經常會有「預計」和「預提」這兩項，最後才進行核算。而傳統的財務會計報表主要是核算，很少有核算之後再去做預提的。

(1) 預計

我們以案例來說明。

一家公司的生產阿米巴製作經營會計報表，假如要做到週報，那麼這個月的水電費就只能預計為 2,000 元，這 2,000 元就要分為 4 週，1 週就是 500 元，在阿米巴經營會計報表裡的目標就是 500 元。這 500 元是阿米巴預計的，之後真正發生的，事後去統計。

(2) 預提

還是以案例來說明。

某家公司的某個阿米巴，每年的外部品質損失成本，相當於營業額的萬分之一。假如這個阿米巴實現了 1 億元的營業額，那就可以預提 1 萬元。這 1 萬元到底發生在哪一天呢？哪一天會有退貨呢？這是無法確定的。

阿米巴只能把 1 萬元分配到十二個月，每個月阿米巴要做週報，就分成四週，這就把 1 萬元的外部品質損失成本預提出來，放到每一週，儘管這週沒有發生客戶退貨。

第一節　阿米巴經營會計的特點與優勢

那為什麼要預提呢？如果阿米巴不預提、不預計，等事後再去統計，就失去了阿米巴經營會計報表的最大價值——即時反映經營狀況，促使巴長和巴員即時調整經營策略。

稻盛和夫先生曾這樣說過阿米巴經營會計：「無論是在公司，還是出差，我都第一時間看每個部門的阿米巴經營會計報表。並且，透過銷售額和費用的內容，我可以像看一個一個故事一樣，明白那個部門的實際狀態，經營上的問題也自然而然地浮現出來。」當然，阿米巴經營會計報表除了讓股東或經營者能直接看到公司的經營狀況及發現問題，阿米巴經營會計還採用市場價格反推的方法，來降低生產成本。如業務部接到訂單後，發送到生產部門，生產部門會以訂單上的價格為基礎，想盡一切辦法來降低費用，以最少的費用和成本，做出最完美和客戶最滿意的產品，從而達到利潤最大化的目的。

> 思考：「預計」與「預提」的重要價值是什麼？

第一章　阿米巴經營會計概述

第二節
經營會計的邏輯和主要工作

▌提示

阿米巴經營會計的邏輯，掌握起來有一定的難度，不要求掌握，企業可以根據實際情況，選擇部分應用、建立報表體系。

一、阿米巴經營會計邏輯

阿米巴經營會計的相關邏輯，對落實阿米巴經營模式至關重要。我們透過圖 1-2，便可直觀地了解經營會計工作內容的相關邏輯。

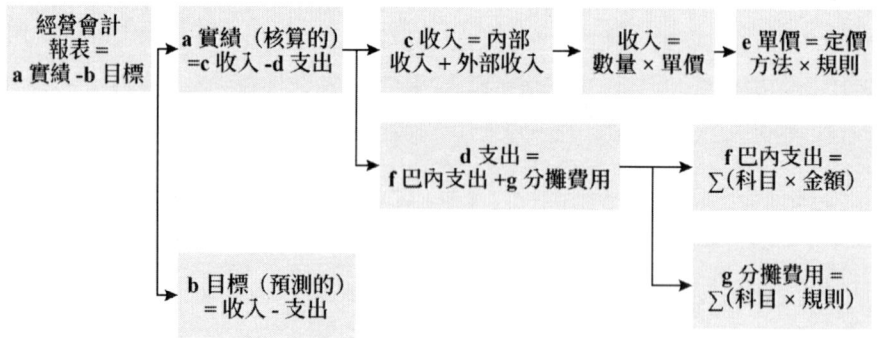

圖 1-2　經營會計的相關邏輯

從圖 1-2 可以看出，我們從阿米巴報表的生成，來倒推阿米巴經營會計到底應該做哪些工作，它們之間是什麼邏輯關係？

第一條：經營會計報表 = 實績 - 目標

這個很容易理解，衡量一個阿米巴經營狀況的好壞，是將實際業績對照預測的目標。如果實際業績超過預測的目標，就是好的；反之，就是不

足的。不是將實際業績簡單地對照上一週期的業績，比如今年和去年比，即使有進步，也未必能說明這個阿米巴的經營狀況良好。這是一個很重要的原則。

有一家做塑膠的公司，其中有一個塑膠複合材料阿米巴，2014 年對外銷售塑膠複合材料，收入 2.13 億元，對內收入 3.35 億元，合計 5.48 億元，淨利潤率為 9%，即淨利潤為 0.49 億元。

2015 年定的目標是銷售收入 7.2 億元，淨利潤率 10%，即淨利潤為 0.72 億元。

結果，當年的銷售收入為 6.68 億元，淨利潤率只有 9.27%，即淨利潤為 0.62 億元。

如果以 2015 年的業績對照 2014 年，無論是銷售收入還是淨利潤率、淨利潤都遠遠超過 2014 年，應該算是很好的成績，但這個阿米巴年終考核卻沒有達標，為什麼？很簡單，我要你對照的標準是 2015 年的目標，而不是 2014 年的實際業績。

除了以銷售收入、利潤、利潤率作為對比角度，還可以用投資報酬率、淨資產收益率等作為標準。稻盛和夫特別強調以單位時間的附加價值作為標準。當然這也可以，但我的經驗是不一定只有這個角度。

第二條：實績 = 收入 - 支出

目標 = 收入 - 支出這條不用解釋，實績是指事後核算出來的真實結果，而目標只是事前預測的結果。

第三條：收入 = 內部收入 + 外部收入

一個經營性質的阿米巴，有時可以對外銷售產品或服務。甚至如果阿米巴模式推行得好，從理論上來說，每個阿米巴都可以對外經營，除非這是公司的核心技術、核心商業機密。

第一章　阿米巴經營會計概述

比如，人力資源部既可以對內應徵，也可以成立獵頭公司對外經營，核心是不能把自己公司的人才獵到外面去謀利；再比如，上例中說到的複合材料塑膠阿米巴，它既對內，也對外，但不能把我們的複合材料塑膠配方，銷售給內部客戶的同行。

第四條：支出＝巴內支出＋分攤費用

每個阿米巴肯定都有人、財、物的費用，這部分全部計入阿米巴的經營成本。

上級組織可能是職能部門，由於沒有獨立的收入，且其服務都是對內、對下的，所以他們的費用當然應該由下屬的經營團隊來承擔，比如策略部、審計部等。至於分攤的程度，可以按營業收入、利潤、人頭數、使用面積等多個面向。

分攤時要注意「逐級分攤」這個概念，比如總經理室的費用，分攤到生產巴和銷售巴，銷售巴又分為南區、北區兩個二級巴，那麼這兩個二級巴的分攤，就來自總經理室、行銷副總經理室。

第五條：單價＝定價方法 × 規則

這個我在後面會特別介紹，此處略。

第六條：科目

這裡指各阿米巴的財務科目一定要界定清楚，否則，阿米巴的經營結果會計算不出來或不準確。

比如，兩臺同樣的設備，A 巴使用的已經折舊完畢，從財務的角度來說，它的成本為 0；而 B 巴使用的那臺設備是剛購入的，當然需要有折舊的成本。可是這兩臺設備其實目前執行都非常好，日後一定時期內，並不排除 A 巴的這臺需要大維修，甚至要重新更換，那這就需要界定科目與成本計算的標準了，否則不公平。

> 思考：如何理解經營會計的邏輯？

二、阿米巴經營會計提升財務層級

企業已經由傳統會計（核算會計）向阿米巴會計（經營會計）更新。阿米巴所追求的「銷售最大化、費用最小化、利潤最大化」，與傳統財務目標趨於一致，但在目標屬性、過程管理和員工積極度等方面，阿米巴經營會計又有其特別之處（如圖 1-3 所示）。

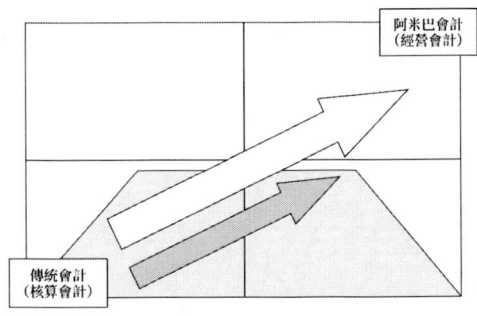

圖 1-3　傳統會計向阿米巴會計更新

■（一）傳統會計（核算會計）的主要方法

會計核算是以貨幣為主要計量標準，是對會計主體的資金運用進行的反映。它主要是指對會計主體已經發生或已經完成的經濟活動進行的事後核算，也就是會計工作中記帳、算帳、報帳的總稱。合理地組織會計核算形式，是做好會計工作的一個重要條件，對保證會計工作品質，提高會計工作效率，正確、及時地編制會計報表，滿足相關會計資訊使用者的需求，具有重要意義。

會計核算方法主要包括以下七種：

第一章　阿米巴經營會計概述

1. 會計核算設定會計科目

　　設定會計科目，是對會計對象的具體內容分類進行核算的方法。所謂會計科目，就是對會計對象的具體內容進行分類核算的專案。設定會計科目，就是在設計會計制度時，事先規定這些專案，然後根據這些專案，在帳簿中開立帳戶，分類地、連續地記錄各項經濟業務，反映由各經濟業務的發生而引起的各會計要素的增減、變動情況和結果，為經濟管理提供各種類型的會計指標。

2. 會計核算複式記帳

　　複式記帳是與單式記帳相對的一種記帳方法。這種方法的特點是對每一項經濟業務都以相等的金額，同時記入兩個或兩個以上的相關帳戶。透過帳戶的對應關係，可以了解相關經濟業務內容的來龍去脈；透過帳戶的平衡關係，可以檢查相關業務的紀錄是否正確。

3. 會計核算填製和稽核憑證

　　會計憑證是記錄經濟業務、確定經濟責任的書面證明，是登記帳簿的依據。憑證必須經過會計部門和相關部門稽核。只有經過稽核並認為正確無誤的會計憑證，才能作為記帳的根據。填製和稽核會計憑證，不僅為經濟管理提供真實、可靠的數據資料，也是實行會計監督的一個重要方面。

4. 登記帳簿

　　帳簿是用來全面、連續、系統地記錄各項經濟業務的簿籍，是保存會計數據資料的重要工具。登記帳簿就是將會計憑證紀錄的經濟業務，依時序、分類，記入相關簿籍中設定的各個帳戶。登記帳簿必須以憑證為依據，並定期進行結帳、對帳，以便為編制會計報表提供完整且系統的會計數據。

5. 會計核算成本計算

成本計算是指在生產經營過程中，按照一定對象，歸納和分配發生的各種費用支出，以確定該對象的總成本和單位成本的一種專門方法。透過成本計算，可以確定材料的採購成本、產品的生產成本和銷售成本，可以反映和監督生產經營過程中發生的各項費用是否有結餘或超支，並據以確定企業盈虧情況。

6. 會計核算財產清查

財產清查是透過盤點實物、核對帳目，保持帳實相符的一種方法。透過財產清查，可以查明各項財產物資和貨幣資金的保管和使用情況，以及往來款項的結算情形，監督各類財產物資的安全與合理使用。在清查中，如發現財產物資和貨幣資金的實有數目與帳面結存數額不一致，應即時查明原因，透過一定的審批手續進行處理，並調整帳簿紀錄，使帳面數額與實存數額保持一致，以保證會計核算數據的正確性和真實性。

7. 會計核算編制會計報表

會計報表是根據帳簿紀錄定期編制的，總括反映企業和行政事業組織特定時點（月底、季底、年底）和一定時期（月、季、年）的財務狀況、經營成果以及成本費用等的書面文件。會計報表提供的數據，不僅是分析、考核財務成本計畫、預算執行情況，及編制下期財務成本計畫和預算的重要依據，也是進行經濟決策和國民經濟綜合平衡工作必要的參考數據。

會計報表與上述各種會計核算方法相互連結、密切配合，構成一個完整的方法體系。在會計核算方法體系中，就其工作程序和工作過程來說，主要有三個環節：填製和稽核憑證、登記帳簿和編制會計報表。在一個會計期間所發生的經濟業務，都要透過這三個環節進行會計處理，將大量的

經濟業務轉換為系統的會計資訊。這個轉換過程,即從填製和稽核憑證到登記帳簿,直至編出會計報表,周而復始的變化過程,就是一般所說的會計循環。其基本內容是:經濟業務發生後,經辦人員要填製或獲得原始憑證,經會計人員稽核整理後,按照設定的會計科目,運用複式記帳法編制記帳憑證,並據以登記帳簿;要依據憑證和帳簿紀錄,對生產經營過程中發生的各項費用進行成本計算,並依據財產清查對帳簿加以考核,在保證帳實相符的基礎上,定期編制會計報表。

■(二)阿米巴會計(經營會計)的主要工作

阿米巴經營會計的工作是有邏輯關聯的,只有系統地完成了這些工作,才可能最終形成阿米巴經營會計報表。

阿米巴經營的關鍵不在於企業管理的制度有多麼完美,世界上也從來沒有完美的制度,而在於各項指標是否通俗易懂,使各方基於量化的數字,很容易達成一致的認知。

根據管理諮詢實踐,筆者歸納出經營會計的主要工作,如圖1-4所示:

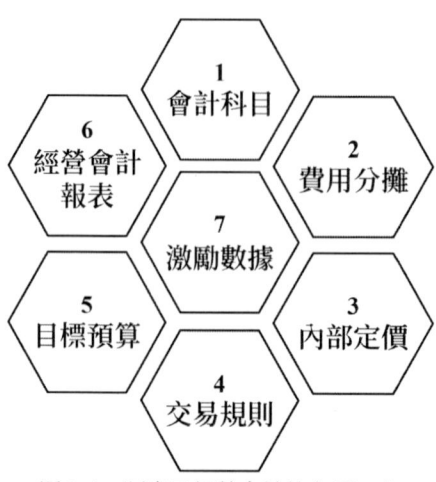

圖1-4 阿米巴經營會計的主要工作

1. 會計科目

阿米巴會計科目，即與本阿米巴經營活動相關的人員、經費、設備、場所、利息、稅金等，都應該包含在阿米巴的總成本中——因為巴長就是老闆！

阿米巴經營會計需重新組合科目，一般只分成兩大類：日常費用和分攤費用。日常費用是阿米巴組織日常產生的費用、能即時記入阿米巴組織的費用，此費用在數量和時間上應有一定的要求，如時間跨度大或金額過高，也會採用分攤的方式進行費用記錄。另外就是分攤費用，分攤的費用包括總部各職能部門的費用、上級阿米巴組織的費用等。

2. 費用分攤

公共費用分攤是指將各阿米巴之間的共同費用進行分攤，便於各生產成本的科學計算。

阿米巴經營模式是由各個阿米巴自主經營、獨立核算的模式。企業在生產經營的過程中，需要將公共費用分攤到各個阿米巴，將無法確定費用歸屬、不易直接計量費用數值、費用數值對經營結果影響較大、阿米巴確有從中獲益的公共費用，由多個獲益阿米巴按一定的規則共同分擔。

3. 內部定價

定價是經營之本，定價展現經營頭腦。每一個阿米巴都是一個小的利潤中心，所有阿米巴都負有核算責任。每個阿米巴的領導人都必須負責本巴的定價，考察每一種產品的核算，在正確的經營理念指導下，實現利潤最大化。

內部定價考驗每一位阿米巴負責人的經營智慧。

4. 交易規則

阿米巴內部交易，是指產品某個環節的阿米巴，從前一環節阿米巴處購買半成品，進行加工，然後賣給下個環節的阿米巴。在工作由「交付」變成「交易」的前提下，阿米巴組織劃分成各小團隊後，建立各阿米巴團隊間的交易規則，便成為一個必不可少的任務。

5. 目標預算

年度經營目標，是從企業的長期策略目標出發，在分析企業外部環境和內部條件的基礎上，所制定的公司下一年度各種經營活動所要獲得的結果。年度經營目標是企業經營思想的具體化。

費用預算則是建立在業務計畫和目標的基礎上，業務計畫和目標在分解後，形成阿米巴團隊的主要工作。

6. 經營會計報表

阿米巴經營會計報表，是阿米巴團隊日常進行經營管理過程中，衡量阿米巴團隊的各項經營性指標的報表。阿米巴經營會計報表的科目格式設定簡單，報表使用者容易理解，也能很清楚地反映阿米巴組織的收入總額和費用總額，讓每一位員工都能對阿米巴的收入、費用和利潤足夠重視。

7. 激勵數據

沒有激勵，你做不好阿米巴。阿米巴經營激勵，主要透過薪酬設計、獎金設計、股權激勵三個方面進行。

> 思考：經營會計與傳統會計有哪些本質的差別？

第二節　經營會計的邏輯和主要工作

三、阿米巴會計與傳統會計的比較

(一) 與傳統財務報表分析相比

阿米巴會計在使用和提高經營利潤上，更結合實際，發揮具體作用（見表 1-2）。

表 1-2　傳統報表與阿米巴報表比較

	傳統報表	阿米巴報表
分析主體	公司部門	工序和服務
相關性	與產品關聯度不高	分析產品的每一個環節
及時性	按月核算	每日、每週、每月滾動更新數據
適用性	財務數據，專業性高	簡單明瞭，適用性高

(二) 與傳統成本管理模式相比

傳統成本管理關注既定目標的達成，表現為員工從上至下被動接受。阿米巴會計不僅重視成本，還兼顧收入和品質；不僅要守住成本底線，還主動出擊，發揮所有人的主動性，減少一切時間和成本的浪費，從而盡可能擴大出貨量（見表 1-3）。

表 1-3　傳統成本管理與阿米巴成本管理

	傳統成本管理	阿米巴成本管理
目標	產品成本管理目標	員工附加價值的最大化
長期性	忽視成本的長期性，容易鼓勵某些短期成本下降，但是長期成本上升的行動	重視成本良性發展，有可能進入收入成長而成本略增的良性發展通道
員工積極度	由上至下層層分解，被動完成	主動出擊，隨時縱向和橫向對比

	傳統成本管理	阿米巴成本管理
辦法	目標成本控制產品價值	單位時間核算附加價值
核算原則	權責發生制，不使用即不發生費用，歸入庫存管理，沒有反映在當期損益	現金本位原則，只要出貨即認為銷售，只要採購，不管是否使用，即認為費用產生

(三) 與傳統的績效考核相比

評定阿米巴績效，把各種繁雜的指標量化到獲利結果上（見表1-4）。

表1-4 傳統績效管理與阿米巴績效管理

	傳統績效管理	阿米巴績效管理
辦法	將考核目標層層分解到部門，分解難度較大	各阿米巴組織在定價基礎上，以獲得利潤為目標，目標明確，行動具體
考核內容	考核利潤，人力屬於費用	考核時間附加價值，不把人力當成費用，強調員工主動創造價值，分配附加價值
指標核算	指標計算複雜，監督執行成本較高	兩兩確認＋市場定價原則，簡化了計算和第三者監督問題
結果	固定指標考核，部門間相互影響不大	一個阿米巴組織的加速，引發其他阿米巴組織連鎖反應

四、阿米巴經營會計的問題和改進

(一) 沒有統一的公司目標和良好的文化氛圍

阿米巴有自己的一套哲學文化，成員間是一種和諧的大家庭關係。阿米巴組織劃分和經營會計，既是對阿米巴進行組織變革和評定績效的依據，更是將員工利益和公司利益有機結合的工具。只有將員工利益和公司

第二節　經營會計的邏輯和主要工作

利益相結合，才能引發阿米巴組織利益鏈的連鎖反應。如果沒有形成和諧的大家庭關係，大家為各自績效工作，相互競爭，相互扯後腿，尤其是各個阿米巴組織沒有統一的目標和方針，那公司內部的協調機制被分割得支離破碎，就無法完成公司的使命。因此，在阿米巴實施之前，要透過各級培訓鞏固認知，使成員之間形成和諧的大家庭關係，建立阿米巴經營模式的執行基礎；透過對經營會計的反覆學習，讓員工知道自己創造的價值，當家作主，真正參與經營；並從企業策略出發，將阿米巴經營與長期策略目標充分結合，才能知道各級阿米巴組織的方向和動力。

（二）阿米巴經營會計的困難點和重點

內部交易價格、阿米巴的定價，是推行阿米巴的重要一環，也是眾多企業在推行阿米巴過程中最為頭痛的問題。企業部門常因定價不公而爭吵不斷。因此，各阿米巴組織之間必須形成公平的內部交易價格，綜合自身條件、行業特點、市場價格、生產能力、產能效率等因素，使用售價還原成本法，對每一個環節和工序進行模擬，決定價格。所謂的「售價還原成本法」，就是不用累積製造成本求成本，而是預先算出適合某產品的成本率，乘以每一種產品的售價，把售價還原成成本，將目標利潤還原到各環節，從而制定內部轉移價格的定價方式。當阿米巴組織之間出現定價糾紛時，上級阿米巴巴長要做出公平、正確的判斷，這與巴長的經營能力和全域性掌握協調能力息息相關。

（三）如何建立精細化的獨立核算會計體系

要成立獨立核算的阿米巴組織，必須準確統計阿米巴組織中的所有支出。對可以直接歸屬於阿米巴的成本核算較簡單，如燃油、水電、折舊費、維修、材料等。對無形資產、相關資源等間接成本，需合理分攤，核

算較為困難。至於公司整體成本，如財務利息成本、行政人事輔助成本、發生訴訟費用、賠償費用等，更需根據阿米巴組織中工序環節的特點，制定合理的分配、分攤制度，以使費用分攤透明、合理、公正。

五、操作：阿米巴經營會計報表體系實施規劃

根據企業的實際狀況和需求匯入時間表，並以此來指導後面的學習。

考量因素：①企業的發展階段；②管理成熟度；③管理人員的資質和接受程度。

【範例】××公司阿米巴經營會計報表體系匯入時間表（見表1-5）

表1-5 ××公司阿米巴經營會計報表體系匯入時間表

應用級別	報表體系	時間表
初級應用	經營會計報表： 會計科目→費用分攤→內部定價→交易規則→業績改善	第1～4個月
中級應用	經營會計報表＋數據激勵＋業績改善	第5個月
高級應用	目標核算＋ 經營會計報表＋數據激勵＋業績改善	第6個月

成果1 阿米巴經營會計報表體系規劃與導入時間表

應用級別	報表體系	時間表
初級應用	經營會計報表： 會計科目→費用分攤→內部定價→交易規則→業績改善	
中級應用	經營會計報表 + 數據激勵 + 業績改善	
高級應用	目標核算 + 經營會計報表 + 數據激勵 + 業績改善	

操作

制定公司的阿米巴經營會計報表體系規劃。

第一章　阿米巴經營會計概述

第三節
經營會計在阿米巴營運系統的定位

▋提示

　　本節是站在阿米巴營運系統的高度，來剖析阿米巴經營會計的價值和功能。需要深刻理解，不需要操作和製作方案。

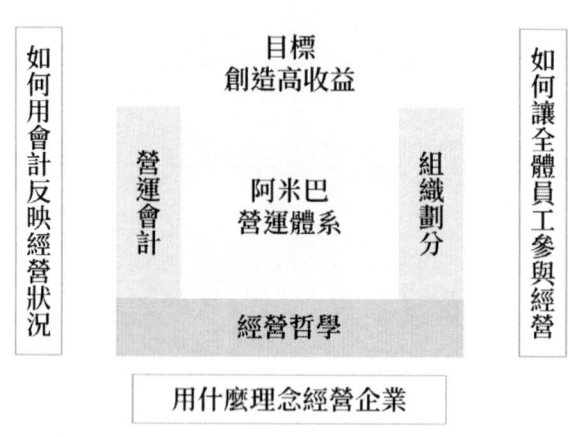

圖 1-5　阿米巴經營體系架構

　　為了讓阿米巴經營體系更加系統與完善，提出「阿米巴經營體系鐵三角」這個概念，由阿米巴經營哲學、阿米巴組織劃分、阿米巴經營會計這三大模組構成。其中，阿米巴經營哲學是基礎，阿米巴組織劃分是方法，阿米巴經營會計是工具，三者缺一不可。如圖 1-5 所示。

　　　　思考：如何理解阿米巴經營體系架構？

第三節　經營會計在阿米巴營運系統的定位

一、經營會計之價值：以數據回饋現場，即時應對市場變化

經營會計是阿米巴經營落實最關鍵的環節。各個阿米巴團隊能否熟練運用經營會計，關係到各個阿米巴之間能否順利進行獨立核算。

阿米巴經營會計的價值，就是以數據回饋現場，即時應對市場變化。阿米巴經營會計是反映阿米巴整體經營狀況的一套核算體系，清晰地顯示阿米巴的損益狀況。只有將複雜問題簡單化，才能讓阿米巴全體員工都了解。在阿米巴經營模式裡，「人人都是經營者」，只有掌握現場的經營數據，阿米巴管理者才能準確地做出決策。這也是阿米巴經營的精髓所在。

> 思考：你如何看經營會計的價值？

二、經營會計報表：怎樣提高工作生產率

阿米巴組織為了提高「單位時間核算」，時刻關注時間的重要性，營造充滿緊迫感的工作氛圍，並透過反覆的鑽研創新，提高工作生產率。

經營會計報表不是在月底統計當月的訂單、生產、銷售、經費、時間等重要的經營資訊，而是每天進行統計，並迅速地將其結果回饋給阿米巴成員。

現代企業經營最重視的是速度，把如何提高時間效率視為在競爭中獲勝的關鍵。

> 思考：阿米巴經營為何能夠創造高收益？

第一章 阿米巴經營會計概述

經營會計報表以「銷售額最大化，經費最小化」為經營原則，開展阿米巴經營核算管理方法。如圖 1-6～圖 1-8 所示：

```
┌─────────────────────┐      ┌─────────────────────┐
│     提高銷售額       │      │    降低經費支出      │
├─────────────────────┤      ├─────────────────────┤
│ ・「經營的重點在定價」│      │ ・挑戰「這已經是極限」│
│         ↓           │      │   的想法             │
│ ・關鍵要找到客戶樂於 │      │                     │
│   接受的最高價位     │      │ ・徹底壓縮經費開支   │
│ ・透過各種方法創新， │      │                     │
│   增加銷售額         │      │                     │
└─────────────────────┘      └─────────────────────┘
              ↓                        ↓
    以「單位時間附加價值」為衡量指標，以核算表為核心，
       開展阿米巴核算經營管理，推動阿米巴精進
```

圖 1-6　阿米巴經營會計的經營原則

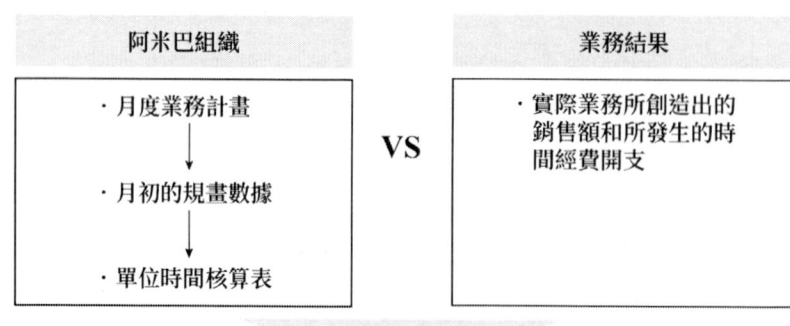

- 透過報表，讓第一線產生的數據結果與其自身工作息息相關的感覺
- 透過核算表，客觀分析阿米巴經營狀況，對現場狀況洞若觀火
- 透過核算表的評價，讓阿米巴能夠自覺提升各自的經營實力

圖 1-7　阿米巴經營會計的優勢

第三節　經營會計在阿米巴營運系統的定位

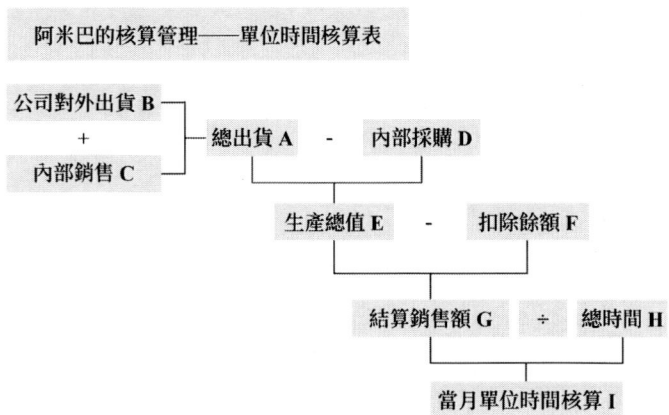

圖1-8　阿米巴經營核算管理方法

三、實施阿米巴的象徵：巴長是否做阿米巴經營會計報表

企業有沒有實施阿米巴，其象徵就是巴長是否在做阿米巴經營會計報表。

第一個層面，阿米巴的巴長是否做本巴財務報表。巴長沒有做阿米巴經營會計報表，那這家公司就沒有實施阿米巴。

> 思考：為什麼阿米巴經營報表是阿米巴經營實施象徵？

第二個層面，阿米巴內部的服務和產品，是否實現了從交付到交易。如果該企業各個部門進行獨立核算，但沒有從交付變成交易，充其量叫事業部制這個事業部跟那個事業部之間是沒有關聯的。而從交付到交易，才是成功實施阿米巴的象徵。

第一章　阿米巴經營會計概述

　　第三個層面,實施效果如何?這展現在:成本費用降低,銷售收入提高和人才的培養。

■ 成果 2 阿米巴經營的標誌

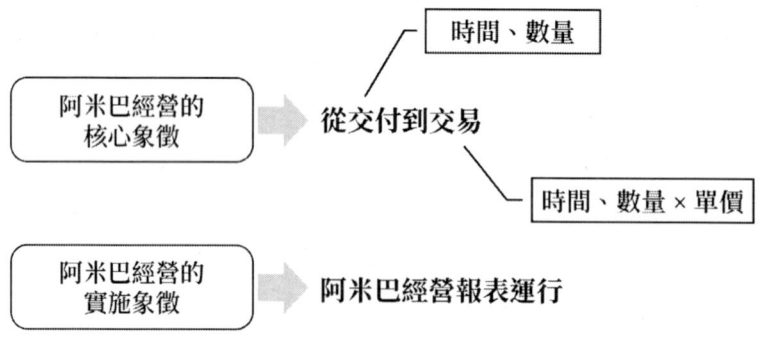

第四節
用經營會計連結阿米巴經營

▌提示

本節是從思維層面幫助企業建立經營會計思維,並用經營會計與企業管理的各方面連結,提升企業的經營效率。

一、持續改進,建立即時回饋平臺和機制

阿米巴經營是一種能讓每個阿米巴的巴長和成員根據精細化的阿米巴經營會計報表做出判斷,即時採取改正措施的制度。只有即時展現一級阿米巴、二級阿米巴、三級阿米巴,直至最細小阿米巴的數據,並建立統一的數據交換和回饋平臺,才能使阿米巴巴長即時發現問題,並採取有效措施。因此,企業需要規定三級阿米巴建立每日核算報表,並回饋至二級阿米巴匯總;二級阿米巴需建立每週核算報表,並交由一級阿米巴匯總對比。各級阿米巴組織每日、每週、每月的會計核算,反映出阿米巴模式的績效核算過程,更展現阿米巴經營模式下,會計報表在企業財務管理過程中的作用。

組織內的各級成員可清晰知道本日、本週或本月的業績情況,隨時反思為完成計畫採取的措施是否合理等問題,令全體成員參與計畫制定,監控計畫實施,主動改進計畫;透過反覆進行這種工作,提高績效,提升全員參與意識。

二、規避損失，
　　引發阿米巴組織之間利益鏈的連鎖反應

只有建立精細化的阿米巴會計，並建立每日、每週的會計報表，各阿米巴領導人才能即時發現問題。一個阿米巴的改進，加速反映在報表上，引發其他阿米巴組織連鎖加速反應。

三、阿米巴報表展現全員參與機制

阿米巴的創新，主要是將成本中心、收入中心，透過內部轉移定價，轉化為利潤中心。其對利潤的計量，不僅關注阿米巴整體所創造的利潤，且精細到每個阿米巴成員的單位時間附加價值。

例如在製造型企業裡，傳統的成本中心思維模式，讓管理階層中間負責人更注重產品的品質、產量以及成本；阿米巴則透過建立與市場掛鉤的機制，促使管理階層中間負責人更加關心市場價格，將成本中心轉變為利潤中心。

在阿米巴經營體系裡，企業在管理過程中，要將權力下放給最了解經營狀況的巴長，企業管理者可以充分利用經營會計工具，更有效、快捷地做好管理工作。同時，員工也能了解企業的經營狀況，這樣可以激發員工的積極度，有利於實現全員參與經營。

阿米巴經營使企業組織、專案管理更加清晰化，加強細分經濟責任制，提高客戶滿意度和經濟效益。以客戶、專案、事業部、產品線等多元角度為考核對象的阿米巴經營，讓員工個人的績效與各項財務、非財務考核掛鉤程度更緊密，全員參與程度及業績考核可衡量度，得到了有效提升。

第四節　用經營會計連結阿米巴經營

> 思考：為什麼阿米巴報表展現了全員參與？

四、透過經營會計報表
　　有效建立壓力與收益傳導機制

當前，一些企業沒有抓住阿米巴經營的本質，又缺少透明、即時的經營分析決策體系及相應的管理方法或工具，故阿米巴經營在企業中很難得到有效的實施。

有效實施阿米巴經營的關鍵就在於如何解決核算、管理與控制的問題。確保阿米巴經營成功，需要建構以科目界定、公共費用分攤、內部定價、經營目標、費用預算等方面為重點的會計核算體系，建立與市場掛鉤的核算制度。

阿米巴經營團隊有數量多、分類複雜、關聯性強、資訊互動頻繁、工作效率高等特點，使企業需要建立以價值鏈為基礎，以短流程、高效能、強監督為理念的價值內控體系。讓各個阿米巴組織都有「成本 —— 產出 —— 業績 —— 利潤」的意識，並將「成本 —— 利潤」的壓力與收益，傳導到企業組織的每一個阿米巴組織或個人。

> 思考：為什麼要透過經營報表建立壓力與收益傳導機制？

五、阿米巴經營透過經營會計落地生根

經營會計實質上就是企業經營管理的重要工具，因此更應該充分地發揮經營會計工具的作用，改善並提升企業經營管理的水準，創造更大的價值。

阿米巴經營模式雖然對大、中、小企業均適合，但企業應根據自身規模和業務特徵，決定阿米巴組織的數量。

阿米巴經營模式僅擁有令其落地生根的企業土壤是不夠的，還要注意方式、方法。企業首先要匯入阿米巴經營理念，學習阿米巴經營模式，透過網際網路平臺等方式，宣傳成功案例；其次，試點推進，由點至面，全面推進；最後劃分阿米巴組織和內部定價，設計經營會計核算表。透過這三個關鍵性步驟，讓阿米巴經營模式更能落地生根，同時，還要在此基礎上，進行經營模式的創新，使其實現本土化。

> 思考：阿米巴經營如何透過經營會計落地生根？

六、阿米巴經營會計思維，讓財務工作者創造更多價值

阿米巴經營會計要在企業落實，財務部門的角色定位需要發生根本性轉變。企業財務部門的定位，將不再是「成本中心」，而是「財務專家、業務合作夥伴」。財務部門要參與企業策略管理；強化預算、考核及管控，做好分析決策，提升企業價值；全面參與對下屬投資企業的管理和資本運作工作；強化核心流動資產管理等。

第四節　用經營會計連結阿米巴經營

　　透過阿米巴經營會計，財務人員可在更廣的範圍和更深的層次上，為企業創造更多價值。傳統財務部門大多從事的是低價值的工作，透過推進阿米巴經營會計工作，財務人員在企業財務轉型中的領導作用，將更加明顯。例如，透過「策略地圖」，將財務指標與非財務指標更緊密地結合；透過平衡計分卡，將策略與包括財務和非財務在內的短期業績指標更緊密地結合；透過作業成本法、標竿法，使策略思想嵌入企業財務的方法和技巧之中。阿米巴經營會計將使財務管理工作脫胎換骨，煥發出勃勃生機。

> 思考：經營者為什麼要具備阿米巴經營會計思維？

七、會看經營會計報表的巴長，才能幫公司獲利

　　公司產生阿米巴經營會計報表，只要稍微比較一下，就會發現許多問題，如果有什麼異常的變化，也能立刻採取行動。再者，每個阿米巴團隊每個月都會擬定預算，再與實際營運數值作比較，就能看出更多狀況。懂報表的巴長的營運計畫更科學，決算也能做到又快又準確。想知道會計數字的變化，掌握原始數據很重要，可是事實上有很多公司並沒有做到這一點。

> 思考：巴長為什麼一定要會看經營會計報表？

八、看阿米巴經營會計報表的數字，能馬上知道經營成果

　　阿米巴經營的過程中，若不能察覺到伴隨而來的風險，且從錯誤中吸取教訓，就無法持續發展下去。這時，如果用阿米巴經營會計思維，將會有不一樣的結果。用阿米巴經營會計思維思考、考量一家企業，所得到的數字會非常有幫助。每天閱讀阿米巴經營會計報表的數字，就能馬上知道經營成果，有效地幫助經營者進行科學決策。

> 思考：為什麼看阿米巴經營會計報表的數字，就能馬上知道經營結果？

第二章
阿米巴經營會計科目

　　阿米巴會計科目，即與本阿米巴經營活動相關的人員、經費、設備、場所、利息、稅金等，都應該包含在阿米巴的總成本中——因為巴長就是經營者！

　　阿米巴經營會計需重新組合科目，一般只分成兩大類：日常費用和分攤費用。日常費用是阿米巴組織日常產生的，能即時記入阿米巴組織的費用，此費用在數量和時間上應有一定的要求，如時間跨度大或金額過高，也會採用分攤的方式記入。另外就是分攤費用，分攤的費用包括總部各職能部門的費用、上級阿米巴組織的費用等。

第二章　阿米巴經營會計科目

▌本章目標

① 理解：阿米巴會計科目的設計。
② 理解：阿米巴推進的數據蒐集和報表生成。
③ 操作：各阿米巴收入的界定、統計口徑。
④ 了解：各阿米巴成本、費用的詳細科目與定義。
⑤ 了解：各阿米巴固定資產、流動資金盤點。

▌形成成果

① 阿米巴收入科目的常見結構。
② 阿米巴成本費用科目的常見結構。

第一節
阿米巴會計科目的設計

■ 提示

會計科目是會計報表的大綱,是報表生成的基礎。本節需要系統性掌握。

一、阿米巴經營會計科目界定基本原則

原則一:與阿米巴經營活動相關的所有收入與支出,均應在科目中展現出來。

原則二:同一業務類型的阿米巴科目完全一致。

原則三:一級巴包含不同類型二級巴,其科目為各二級巴的合併科目。

二、需要全面明晰經營會計的科目設定

會計科目表的設計,主要是解決會計科目的名稱、分類排列、科目編號等問題。會計科目表還列出一級會計科目的名稱和科目編號,各阿米巴團隊在設計會計科目表時,應根據需求設計,並列示出全部一級科目及其所屬的全部明細科目名稱及編號,以增加會計科目名稱的統一性和會計資訊的可比性。以此類推,除了一級科目,還有二級科目、三級科目等。如圖 2-1 所示:

第二章 阿米巴經營會計科目

```
一級科目         二級科目          三級科目
 收入      ┌── 外部收入 ──┬── 產品收入
          └── 內部收入 ──┴── 服務收入
 成本
 費用      ┌── 巴內費用 ──┬── 薪資
          └── 巴外分攤   └── 社會保險
                              ⋮
```

圖 2-1　會計科目的設計

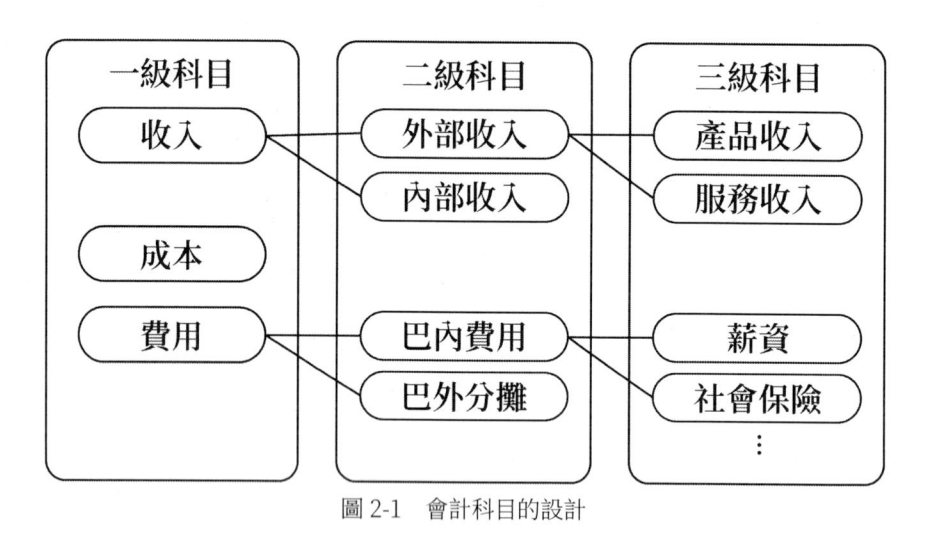

其中，成本科目和收入科目的具體設計，見表 2-1、表 2-2。

表 2-1　成本科目

一級	二級	三級	四級	
巴內成本 （直接成本）	成本	材料		
		直接人工		
		製造費用	實際費用	
			預提費用	
	費用	管理費用		
		銷售費用		
		財務費用		
巴外分攤 （間接成本）	成本			
	費用			

表 2-2　收入科目

			單價	數量
內部收入	產品收入	產品 A		
		產品 B		
	服務收入	服務 A		
		服務 B		
	其他收入			
外部收入	產品收入			
	服務收入			
	其他收入			

▋操作

設計某產品阿米巴會計科目（選一個重要的部門進行演練）。

三、阿米巴會計科目使用說明

會計科目表設計完成後，要在表後對各個會計科目的核算內容、核算範圍、核算方法；明細科目的設定依據及具體明細科目設定；關於該科目所核算內容的會計確認條件與時間規定；關於該科目的會計計量的相關規定以及涉及該科目的主要業務帳務處理，進行舉例並詳細說明，以利於會計人員據此準確地處理會計業務。

1. 說明會計科目的核算內容與範圍

即說明在該科目核算的具體經濟業務的內容與範圍，有些會計科目還需區分易混淆的內容，指出不在該科目核算的內容。

2. 說明會計科目的核算方法

即說明該科目核算的經濟業務內容增加時記在帳戶的哪一方,減少時又記在帳戶的哪一方,期末餘額在哪一方,有什麼含義。

3. 說明明細科目的設定依據、具體明細科目的名稱及核算內容

首先概括地說明設定明細科目的要求和依據,其次具體寫明所需設定的各個明細科目的具體名稱及其具體核算內容。

4. 說明該科目所核算內容的會計確認條件與確認時間

為保證會計科目能被正確使用,對各科目所涉及的會計要素確認方面的會計準則、會計政策、會計方法,應結合本組織實際情況做出詳細說明。要詳細說明該科目在什麼情況下需滿足什麼條件才能記入借方,在什麼情況下需滿足什麼條件才能記入貸方。

5. 說明該科目的會計計量的相關規定

為保證會計科目能被正確使用,對各科目所涉及的會計要素相關計量方面的會計準則、會計政策、會計方法,應結合本組織實際情況做出詳細說明。

【範例】

1. 與經營密切相關的報表情況說明(見表 2-3)

表 2-3　日常使用的報表

巴級別	日常使用的報表	週期
三級	本巴收入登記表	日
	本巴單位時間核算表	日

第一節　阿米巴會計科目的設計

巴級別	日常使用的報表	週期
三級	本巴經營狀況表（實際、預算、對比三個表）	月
	每月總結與工作計畫和費用預算表	月
二級	本巴單位時間核算表	日
	巴屬範圍合併單位時間核算表	日
	巴屬範圍合併經營狀況表（實際、月度滾動計畫、對比三個表）	月
	每月總結與工作計畫和費用預算表	月
一級	本巴單位時間核算表	日
	巴屬範圍合併單位時間核算表	日
	巴屬範圍合併經營狀況表（實際、月度滾動計畫、對比三個表）	月
	每月總結與工作計畫和費用預算表	月

2. 工廠巴核算科目與統計週期（見表2-4）

表 2-4　工廠巴核算科目與統計表

類別	編號	項目	項目說明	統計要求 單位時間核算表	統計要求 經營狀況表
收入	NI	淨收入	淨收入 = 對外銷售 - 回收金額 + 內部銷售 - 內部採購	計算得出	計算得出
	A	對外銷售	直接銷往公司外部	按天統計	按月匯總
	B	回收金額	在銷售終端回收的貨物金額	按天統計	按月匯總
	C	內部銷售	內部交易產生的銷售	按天統計	按月匯總
	D	內部採購	內部採購產生的支出	按天統計	按月匯總

第二章　阿米巴經營會計科目

類別	編號	項目	項目說明	統計要求 單位時間核算表	經營狀況表
費用	F	總費用	F=∑F	計算得出	計算得出
費用	F1	原材料	原輔材料、包裝材料	按天統計	按月匯總
費用	F2	水費	水費	按天統計	按月匯總
費用	F3	電費	電費	按天統計	按月匯總
費用	F4	燃料	丙烷、天然氣、柴油	按天統計	按月匯總
費用	F5	取暖費	煤、原鹽	按天統計	按月匯總
費用	F6	生產用物料	脫膜油、烤盤油、白礦油、噴碼耗材	按天統計	按月匯總
費用	F7	修理維護費	配件、基礎設施維修、設備維修、加工費	按天統計	按月匯總
費用	F8	製版費	製版費	按天統計	按月匯總
費用	F9	勞工保護用品	手套、靴子、工作服等	按天統計	按月匯總
費用	F10	清潔用品	清潔劑、衛生紙、清潔用具	按天統計	按月匯總
費用	F11	倉儲運雜費	原材料運費、麵粉裝卸費	按天統計	按月匯總
費用	F12	辦公費	辦公耗材、辦公用品、飲用水、電話費	按天統計	按月匯總
費用	F13	差旅費	差旅費	按天統計	按月匯總

第一節 阿米巴會計科目的設計

類別	編號	項目	項目說明	統計要求 單位時間核算表	經營狀況表
費用	F14	產品檢驗費	化驗器材、計量檢定費	按天統計	按月匯總
	F15	汽車費用	自有汽車油費、車輛維修、過橋費、停車費、自有汽車保險	按天統計	按月匯總
	F16	改造支出	基礎設施改造、設備改造	按天統計	按月匯總
	F17	環保費用	汙水處理、環氧地坪維修、垃圾清運費、清理費	按天統計	按月匯總
	F18	其他收入	其他收入 (-)、其他損失 (+)	按天統計	按月匯總
	F20	其他	其他	按天統計	按月匯總
	F21	資金占用成本	固定資產利息、庫存利息	按天統計	按月匯總
	F22	低值消耗品攤銷	物流箱、烤盤、包裝盒、其他消耗品	按月數據折算到天	按月統計
	F23	折舊費	廠房、機器設備、電子設備、運輸設備、工具器具折舊	按月數據折算到天	按月統計
費用	F24	租賃費	廠房租金	按月數據折算到天	按月統計
	F25	外部費用分攤	巴外部門內費用、總公司費用、控股公司費用	按月數據折算到天	按月統計

051

第二章 阿米巴經營會計科目

類別	編號	項目	項目說明	統計要求 單位時間核算表	經營狀況表
人力成本	R	人力成本總額	R = ∑ R	不計算	按月統計
	R1	人工費用	薪資、勞務費	不計算	按月統計
	R2	福利費	員工體檢費、食堂人員薪資	不計算	按月統計
	R3	社會統籌	社會保險	不計算	按月統計
	R4	工會經費	工會經費	不計算	按月統計
	R5	教育經費	購買圖書、員工培訓	不計算	按月統計
	R6	外部人力成本分攤	巴外部門內人力成本、總公司人力成本、控股公司人力成本	不計算	按月統計
利潤	G	利潤	G=A-E-R	計算得出	計算得出
人員	H	人數	實際出勤人數	按天統計	按天平均

第一節　阿米巴會計科目的設計

類別	編號	項目	項目說明	統計要求 單位時間核算表	經營狀況表
工時	I	總工時	I= Σ I	計算得出	計算得出
	I1	正常工時	正常工作時間，包括借調外部人員參與工作	按天統計	按月匯總
	I2	加班工時	超出正常工作時間的額外工時，包括借調外部人員參與工作	按天統計	按月匯總
	I3	外部工時分攤	巴外部門內工時、總公司工時、控股公司工時	按月數據折算到天	按月統計
	V	當期單位時間核算值	V=（A-E）/I	計算得出	計算得出

3. 行銷巴核算科目與統計週期（見表 2-5）

表 2-5　行銷巴核算科目與統計表

類別	編號	項目	項目說明	統計要求 單位時間核算表	經營狀況表
費用	NI	淨收入	淨收入 = 對外銷售 - 回收金額 + 內部銷售 - 內部採購	計算得出	計算得出
	A	對外銷售	直接銷往公司外部	按天統計	按月匯總
	B	回收金額	在銷售終端回收的貨物金額	按天統計	按月匯總
	C	內部銷售	內部交易產生的銷售	按天統計	按月匯總

053

第二章 阿米巴經營會計科目

類別	編號	項目	項目說明	統計要求 單位時間核算表	經營狀況表
費用	D	內部採購	內部採購產生的支出	按天統計	按月匯總
	E	總費用	E = ∑ E	按天匯總	計算得出
	E1	勞務費	銷售部、行銷部、中小型客戶、KA組、代理市場、送貨人員、促銷人員	按天統計	按月匯總
	E2	宣傳製作費	展板、噴繪、吊旗、牌匾、推廣、貼紙、托盤、氣球印製費、包裝設計費、卡通服裝費、車體廣告製作費	按天統計	按月匯總
	E3	產品配送費	送貨車運輸費、停車費、高速公路通行費、驗車費、車輛保險、車輛保養、維修費、柴油、汽油、輪胎	按天統計	按月匯總
	E4	汽車費用	公司自有車停車費、高速公路通行費、車輛保養費、維修費、汽油	按天統計	按月匯總
	E5	差旅費	差旅費、住宿費	按天統計	按月匯總
	E6	業務招待費	餐費	按天統計	按月匯總

第一節　阿米巴會計科目的設計

類別	編號	項目	項目說明	統計要求 單位時間核算表	經營狀況表
費用	E7	辦公費	車費、手機電話費、快遞費、訂閱報刊費、印表紙、銷售用辦公用品、申請單和送貨單印刷費、經銷站電話費、網路費、營業執照和憑證年檢費、印章費、網路技術服務費、商品條碼續展費	按天統計	按月匯總
	E8	大店費用	促銷用品、回饋、資訊服務費、展架、標籤、大店用微波爐，促銷用圍裙、束帶及BOPP袋，促銷服務費、陳列費、展示費	按天統計	按月匯總
	E9	水電費	分銷站水電費	按天統計	按月匯總
	E10	取暖費	分銷站取暖費	按天統計	按月匯總
	E11	勞工保護用品	工作服、工裝	按天統計	按月匯總
	E12	其他收入	其他收入（-）、其他損失（+）	按天統計	按月匯總
	E13	資產減損損失	固定資產處理損失（+）、收入（-）	按天統計	按月匯總
	E14	其他	其他	按天統計	按月匯總

類別	編號	項目	項目說明	統計要求 單位時間核算表	經營狀況表
費用	E15	資金占用成本	固定資產利息、庫存利息、應收帳款利息	按月數據折算到天	按月統計
費用	E16	廣告費	車體廣告費、網路廣告費、報刊廣告費	按月數據折算到天	按月統計
費用	E17	產品設計費	麵包包裝設計費，粽子、月餅禮盒設計費	按月數據折算到天	按月統計
費用	E18	固定資產折舊	固定資產折舊	按月數據折算到天	按月統計
費用	E19	房租費	房租費	按月數據折算到天	按月統計
費用	E20	外部費用分攤	巴外部門內費用、分公司費用、控股公司費用	按月數據折算到天	按月統計
人力成本	R	人力成本總額	R=∑R	不計算	按月統計
人力成本	R1	人工費用	薪資、勞務費	不計算	按月統計
人力成本	R2	福利費	員工體檢費、食堂人員薪資	不計算	按月統計
人力成本	R3	社會統籌	社會保險	不計算	按月統計
人力成本	R4	工會經費	工會經費	不計算	按月統計
人力成本	R5	教育經費	購買圖書、員工培訓	不計算	按月統計
人力成本	R6	外部人力成本分攤	巴外部門內人力成本、總公司人力成本、控股公司人力成本	不計算	按月統計

第一節　阿米巴會計科目的設計

類別	編號	項目	項目說明	統計要求 單位時間核算表	經營狀況表
利潤	G	利潤	G=A-E-R	計算得出	計算得出
人員	H	人數	實際出勤人數	按天統計	按天平均
工時	I	總工時	I=∑I	計算得出	計算得出
工時	I1	正常工時	正常工作時間，包括借調外部人員參與工作	按天統計	按月匯總
工時	I2	加班工時	超出正常工作時間的額外工時，包括借調外部人員參與工作	按天統計	按月匯總
工時	I3	外部工時分攤	巴外部門內工時、總公司工時、控股公司工時	按月數據折算到天	按月統計
工時	V	當期單位時間核算值	V=（A-E）/I	計算得出	計算得出

057

第二節
阿米巴推進的數據蒐集和報表生成

　　阿米巴經營模式就是將整個公司劃分為若干個阿米巴組織，每個阿米巴組織都視為一個獨立的利潤中心，進行獨立經營，充分釋放每一位員工的潛能來實現經營。當然，在阿米巴經營會計中，阿米巴的歷史數據蒐集與分析格外重要。企業開展經營，就必須使經營數據成為反映經營實際狀況的唯一真實材料。

　　阿米巴經營成立的重要條件是數據的嚴謹，如果做不到這一點，阿米巴經營就無法真正發揮作用；阿米巴經營要求即時把前線的數字回饋給現場，很多企業目前的財務會計系統，無法達到這樣的要求。財務部門是企業的數據中心，以數據為基礎的經營分析與預警控制，是經營會計的重要內容。財務會計向經營會計的轉型，是企業推行阿米巴成功的基礎條件。企業不斷完善企業財務管理，提高企業經濟效益，以實現可持續發展。

　　阿米巴經營會計數據包含阿米巴組織內、外的資金變化資訊和阿米巴之間物資資源交易等資訊。阿米巴領導人對會計數據進行內部價值鏈分析，判斷如何降低成本，最佳化作業流程；可以對行業價值鏈進行分析，了解企業在行業價值鏈中的位置，判斷企業是否需要沿價值鏈向前或向後延伸。

　　企業會計部門負責製作這些經營數據，並根據這些數據來開展經營。會計部門和各類資訊使用者可以依據各自的管理許可權，方便地進入資料庫的相應層次，運用預先準備好的專用軟體，自動查閱、採集所需的經營會計數據。經營會計數據反映企業的真實經營狀況，讓所有阿米巴成員都能掌握每天的經營實況，幫助阿米巴領導人即時做出決策。

第二節　阿米巴推進的數據蒐集和報表生成

▎重點提示

阿米巴經營成立的重要條件是數據的嚴謹，如果做不到這一點，阿米巴經營就無法真正發揮作用。

一、如何進行數據蒐集

▎1. 數據蒐集的重要性

數據蒐集是實學基礎，是經營會計的根基；是個人、各部門、各巴經營數據、資訊、情報的來源；是阿米巴經營的前提。各阿米巴再透過數據生成報表，進而透過分析報表發現問題、解決問題。

▎2. 數據蒐集的目的

生成單位時間核算表等相關各類表格；找到效益優異／糟糕的原因，以及提升經營效益的方法，如表 2-6 所示。

表 2-6　單位時間核算表

銷售額	對公司外	A1	
	對公司內	A2	
	總額	A0	
內部採購		B0	
銷售淨額		A	
費用	部門內直接	B1	
	部門內分攤	B2	
	SBU 間接分攤	B3	
	合計	B	
（附加價值）收益		C	

第二章　阿米巴經營會計科目

工時	正常	D1	
	加班	D2	
	部門內分攤	D3	
	SBU 間接分攤	D4	
	合計	D	
部門內月均總人數		E	
月單位時間收益		F	
月單位時間銷售淨額		G	
月人均收益		H	
月人均銷售淨額		I	
本月承接訂單總額		J	

■ 3. 數據蒐集的特徵

即時性 —— 即時蒐集收入、費用、工時等各類數據，每天確認；完整性 —— 企業的任何部門、任何人的數據都必須蒐集；準確性 —— 要求所有數據準確無誤，一一對應，雙重確認，絕不允許「迷糊帳、籠統帳」。

■ 4. 數據蒐集的原則

符合經營會計7項原則、整體性原則。企業每個人、每個部門都要蒐集，缺一不可，非阿米巴部門也要蒐集，總裁也不例外。不受組織架構局限，按照阿米巴組織及價值鏈設計數據蒐集系統。

■ 5. 組織和準備

成立經營會計組織；挑選合格的經營會計人員；培訓經營會計人員；透過試執行來檢查企業基礎管理工作是否到位，發現問題、即時整頓，確保數據蒐集工作即時、準確、完整，見表2-7。

第二節　阿米巴推進的數據蒐集和報表生成

表 2-7　阿米巴經營會計組織職能明細表

部門名稱	經營會計組織	負責人職位	經營會計主管
部門編號		直接上級職位	阿米巴委員會祕書長
職位設置	組長1人 副組長1人 經營會計專員1人		
對內聯絡部門		財務部、會計部、本巴各部門	
對外聯絡部門		企業各職能部門（財務部門）	
職能概述	透過蒐集、加工處理和利用阿米巴經營數據資訊，對經營活動進行規劃、組織、控制、分析（僅限於整體分析，細節原因由各巴長自行分析）、評價、指導，促使阿米巴團隊銷售額最大化、成本最小化，從而高效能、高品質地超額完成企業的各項經營目標		

▌操作

設計阿米巴經營會計組織職能明細表。

▌6. 設計統計表格

收入統計表、費用統計表、時間統計表、人力成本統計表等各類表格的設計要簡單，便於實施，如表 2-8 所示。

表 2-8　收入統計

備註	銷售產品收入		服務收入		其他收入		收入日期
	銷售產品	金額	服務項目	金額	收入項目	金額	
1							
2							
3							
4							
5							
6							
7							
8							
9							
10							
合計							

操作

設計阿米巴統計表格。

7. 蒐集流程和頻率

蒐集流程是由下而上的，自個人到團隊，再到初級巴、中級巴、高級巴，逐級蒐集。蒐集頻率：每日、每週、每月即時製作、蒐集各類數據和表格。

8. 製作月度經營核算表

各阿米巴、各部門在每日收入表、費用開支表、日經營核算表基礎上，製作每日及每月單位時間核算表；單位時間核算表必須對接月度財務損益表、財務分析表。

二、阿米巴歷史數據的分析

阿米巴的歷史數據蒐集，不是僅僅對阿米巴的原始會計數據進行分類或其他簡單的處理，而是需要會計人員根據各方面的情況，運用會計資訊科技，進行科學、有效的加工和處理。

藉助阿米巴經營會計報表，使阿米巴巴長正確無誤地接收提供的會計數據。這些歷史數據原是分散、繁複和雜亂無章的，但經過會計資訊處理，能夠清晰明瞭地展現為綜合的、系統的數據形式，更加清楚地反映出阿米巴經營狀況。這些歷史會計數據在一定的時空條件、程度、範圍內可以分享。

如果阿米巴歷史數據蒐集的工作做不好，原始會計數據不可靠，那以後的工作就失去了意義。所以，阿米巴歷史數據的蒐集，是一項複雜的、嚴肅的、技術性很強的工作。

為使阿米巴歷史會計數據蒐集工作順利進行，確保品質地完成蒐集數據的任務，應遵循科學的工作流程：

第一，辨識資訊需求。也就是弄清楚蒐集歷史會計數據是為了解決什麼問題，即確立蒐集會計資訊的目的。

第二，確立歷史會計數據蒐集對象。即決定蒐集單位，一般是從事經濟活動的社會機構或個人。

第三，制定歷史會計數據蒐集綱領，進行實際的蒐集工作，包括現成數據蒐集和原始數據蒐集。確定歷史會計數據蒐集準備的時間，保證會計資訊的即時性；對所匯集的數據應加以篩選，要保證會計資訊的準確性；被採集的數據應是真實可靠的、未洩漏的、未被竄改的，保證會計資訊的安全性。

第二章 阿米巴經營會計科目

現代資訊科技在會計領域的應用，使阿米巴歷史會計數據蒐集發生了很大的變化。傳統的手工蒐集方法，是根據某類業務的需求去蒐集，這種會計資訊蒐集方法，稱為業務方法。現代的資訊蒐集方法，是根據整個系統的目標要求去蒐集資訊，目標性和準確性很強。阿米巴歷史會計數據蒐集已不再局限於會計核算方面，而更趨向於會計管理、決策方面（見表2-9）。

表2-9　歷史數據蒐集表

阿米巴名稱：

單位：萬元

	年／月	年／月	年／月	年／月	……	年／月	合計	平均
銷售收入								
減：間接人工								
減：直接人工								
減：成本								
毛利額								
減：各種費用								
淨利額								
淨利率								

第三節
各巴收入的界定、統計口徑的確定

阿米巴組織能夠成為獨立核算團隊，需要「有明確的收入，同時能夠計算出為獲取這些收入所需的支出」。採取獨立核算制，就必須能夠計算收支，準確地掌握阿米巴組織的收入和支出情況。

但一些阿米巴組織涉及的技術產品（服務）收入確認標準及總收入統計口徑等指標，仍然存在較為明顯的不確切、無規範問題，部分指標概念模糊，為阿米巴組織認定操作及政策掌控等方面，帶來諸多難題，不利於會計數據統計管理工作有效率、有規範的執行。

例如，目前在企業中涉及的收入概念有「近三年的銷售收入總額」、「最近一年的銷售收入」和「當年總收入」三個概念，但在產品（服務）收入確認標準和當年總收入統計口徑等指標上，依然存在很多不夠明確的地方。

在總收入的統計口徑問題上，個別企業在歸納總收入時，直接將主營業務收入視為等同於總收入，未將其他業務收入計入總收入，這個統計口徑顯然與會計核算制度不符。

因此，阿米巴收入的界定、統計口徑的確定，需盡快予以規範。

一、阿米巴收入界定的方法是與市場價格掛鉤

阿米巴收入界定的方法主要有三個，如圖 2-2 所示。

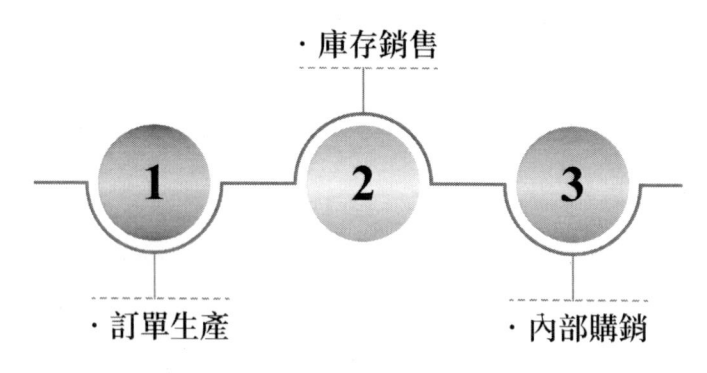

・庫存銷售

① ② ③

・訂單生產　　・內部購銷

圖 2-2　阿米巴收入界定的常用方法

(1) 訂單生產方式：即阿米巴組織接到訂單後，才開始組織採購和生產。生產型阿米巴是利潤的泉源，在生產的過程中，不是按照成本來決定產品的售價，而是先全方位地考量市場價格，然後在此基礎上，為獲取充分的利潤，而徹底降低成本。

透過資訊化，使訂單能參考市場價格進行生產，可以快速應對複雜多變的市場環境，快速滿足客戶需求，大大提升生產的效率，降低浪費和無效作業，增加利潤，提升阿米巴組織的競爭力，獲得更大的發展空間。

舉個例子，一旦市場價格的波動與生產型阿米巴的收入掛鉤，就能把對客戶的銷售金額變成相當於生產型阿米巴收入的生產金額。另外，銷售型阿米巴作為生產型阿米巴與客戶的仲介，可以從生產型阿米巴獲取一定比例的銷售佣金（手續費）作為其收入。生產型阿米巴根據市場的動向，擴大生產金額，最大限度地控制經費開支，從而創造出更大的利潤。

(2) 庫存銷售方式：銷售型阿米巴與生產型阿米巴在協商的基礎上決

定產品的零售價格,設定各個流通階段的標準價格。在庫存銷售方式中,實際銷售金額減去生產型阿米巴的報價,也就是毛利,這就成為銷售型阿米巴的收入。

(3)公司內部購銷:阿米巴組織之間把材料和半成品作為產品進行收發時,進行公司內部購銷,並統計相關會計數據。每次交易時的購銷金額,都由各阿米巴考量自身的經營狀況,根據市場價格來進行定價。從市場的角度來評價所有阿米巴的價格、品質及交貨期,在公司內部形成市場活力。

二、數據統計口徑對精細化管理的阿米巴經營十分重要

一些阿米巴組織對成本核算的各項數據劃歸不一致,尤其是細節性的數據統計口徑不一致,導致的後果是用於傳達管理資訊的表單、紀錄等各項數據資訊不完善或不準確,即管理決策的資訊缺乏有效保障。

統計口徑是指統計數據所採用的標準,即進行數據的統計工作所依照的指標體系。阿米巴組織之間的結算方式,值得重視的就是各項費用,乃至管理數據的統計口徑。無論是獨立核算還是公司整體運作,一個統計口徑所涵蓋的數據,相當於一個電腦程式設計裡面的電腦程式碼。數據口徑不一致的後果,就像程式設計程式碼混亂一樣。當然,數據口徑混亂不會導致企業倒閉,但嚴重影響到管理決策。試想各項分析的基礎是數據統計,統計口徑不準確,何來精確的分析?故數據統計口徑對精細化管理的阿米巴經營十分重要。

第二章　阿米巴經營會計科目

第四節
各巴成本、費用的詳細科目與定義

一、各巴成本的詳細科目和定義

詳細分類科目也稱明細科目，是指阿米巴組織根據核算與管理的需求，對總分類科目做進一步分類，提供更詳細、更具體的會計資訊的科目，是對總分類科目的具體化和詳細說明。按照其分類的詳細程度不同，又可分為子目和細目，如管理費用包括差旅費、辦公費、運輸費、修理費等。在阿米巴的經營會計中，我們主要談論成本的明細科目與定義以及費用的明細科目與定義。

1. 成本類科目的定義

成本類科目是反映成本費用和支出，用於核算成本的發生和歸納情況，提供成本相關會計資訊的會計科目。阿米巴組織對成本費用和支出的不同內容進行分類登記，可以分為生產成本、製造費用、勞務成本、庫存商品和研發支出等。

成本實際發生時，計入各自本科目，期末結轉時，製造費用、勞務成本、庫存商品和研發支出對應結轉入生產成本。

2. 阿米巴組織的生產成本

（1）本科目核算阿米巴組織生產各種產品（包括成品、自製半成品等）、自製材料、自製工具、自製設備等所發生的生產成本。

第四節　各巴成本、費用的詳細科目與定義

(2)「生產成本」科目應設定「基本生產成本」和「輔助生產成本」兩個明細科目。「基本生產成本」科目主要是在生產型阿米巴中，用以核算生產產品的基本生產工廠發生的費用。「基本生產成本」明細科目應按照基本生產工廠和成本核算對象設立為三級明細，並按規定的成本項目（直接人工、直接材料、製造費用）在各三級明細中設立專欄核算。

「輔助生產成本」科目是用以核算動力、修理、運輸等為生產服務的輔助生產工廠發生的費用。「輔助生產成本」明細科目應按輔助生產提供的勞務和產品（例如修理、運輸、自製工具、自製材料等）為成本計算對象，設立為三級明細，並按規定的成本項目在各三級明細中設立專欄核算。

(3)阿米巴組織發生的各項生產費用，應按成本核算對象和成本項目分別歸納，屬於直接材料、直接人工等直接費用的，直接計入「基本生產成本」和「輔助生產成本」；屬於企業輔助生產工廠為生產產品提供的動力等間接費用的，應當在本科目「輔助生產成本」明細科目核算後，再轉入本科目「基本生產成本」明細科目；其他間接費用先在「製造費用」科目匯集，月度終了，再按一定的分配標準，計入相關的產品成本。

(4)阿米巴組織應當根據產品生產的特點，選擇適合的成本核算對象、成本項目及成本計算方法。

(5)本科目應當分別按照基本生產工廠和成本核算對象（如產品的品種、類別、訂單、批別、生產階段等）設定明細帳（或成本計算單），並按規定的成本項目設定專欄。

3. 阿米巴組織的勞務成本

阿米巴組織的勞務成本，是指阿米巴組織提供勞務工作而發生的成本，相對於公司勞務收入而言，可以是公司內，也可以是公司外。如提供修理、搬運、服務等，相應的人工薪資、福利、勞保等費用，就是勞務成本。阿米巴組織應設定「勞務成本」科目。

4. 成本核算

阿米巴組織進行成本核算，是指將阿米巴組織在生產經營過程中發生的各種耗費，按照一定的對象進行分配和歸納，以計算總成本和單位成本。成本核算通常以會計核算為基礎，以貨幣為計算單位。成本核算是成本管理的重要組成部分，對阿米巴的成本預測和阿米巴的經營決策等，存在直接影響。

阿米巴組織進行成本核算時，主要關注以下三點：

(1)完整地歸納與核算成本計算對象所發生的各種耗費。

(2)正確計算生產數據轉移價值和應計入本期成本的費用金額。

(3)科學地確定成本計算的對象、專案、時間以及成本計算方法和費用分配方法，保證各種產品成本數據的準確、即時。成本核算的實質是一種數據資訊處理加工的轉換過程，即將阿米巴組織日常已發生的各種資金的耗費，按一定方法和程序，按照已經確定的成本核算對象或使用範圍，進行費用的匯集和分配的過程。正確、即時地進行成本核算，對阿米巴組織開展增產、減省和實現高產能、優質、低消耗、多累積具有重要意義。

阿米巴成本明細表如表 2-10 所示。

第四節　各巴成本、費用的詳細科目與定義

表 2-10　阿米巴成本明細表

阿米巴名稱：

單位：萬元

	年／月	年／月	年／月	年／月	……	年／月	合計	平均
材料成本								
直接人工								
折舊成本								
動力成本								
委外加工								
其他成本								
運輸費用								
銷售費用								
管理費用								
間接人工								
成本小計								
成本總計								

說明：最好是將間接人工從管理費用中單獨列出。

■ 操作

填寫本阿米巴的成本明細表。

二、各阿米巴費用的詳細科目和定義

阿米巴組織對所有的經營數據，必須有明確的統計機制，以便於分清楚阿米巴的哪項業務已發生了多少費用，應發生多少費用。

費用科目可以分為兩類：一類為資產類費用科目，一類為損益類費用科目。

資產類費用科目一般在生產型阿米巴裡指「製造費用」，這類費用一般也稱為直接費用。直接費用透過歸納與分配，最後歸納到「存貨」科目，計入資產負債表，最後結轉成本，計入損益表中的「主營業務成本」或「營業成本」。

損益類費用科目則是指三大期間費用：銷售費用、管理費用、財務費用，這類費用也叫間接費用。期間費用一般按各自類別直接匯總計入損益表各相應欄次內。

1. 銷售費用明細科目設定

銷售費用科目主要核算阿米巴組織銷售商品和材料、提供勞務的過程中發生的各種費用，包括銷售型阿米巴和銷售人員發生的費用支出。

銷售費用明細科目設定有利於阿米巴組織準確核算銷售費用。

銷售費用通常設定這些明細科目：薪資、福利費、運輸費、裝卸費、保險費、包裝費、展覽費、廣告費、商品維修費、業務費、折舊費等。以上明細科目，不同的阿米巴組織可根據實際情況取捨。

2. 管理費用明細科目設定

管理費用是指阿米巴組織為組織和管理生產經營活動而發生的各項費用。管理費用屬於期間費用，在發生時就計入當期的損益。

管理費用通常設定以下明細科目：公司經費、職員教育經費、業務招待費、稅金、技術轉讓費、無形資產攤銷、諮詢費、訴訟費、創辦費攤銷、勞動保險費、董事會會費以及其他管理費用。

3. 財務費用

　　財務費用指阿米巴組織在生產經營過程中為籌集資金而發生的各項費用。阿米巴組織發生的財務費用，雖為獲得營業收入而發生，但與營業收入的實現沒有明顯的因果關係，不宜將其計入生產經營成本，只能作為期間費用，按實際發生額確認，計入當期損益。

　　阿米巴組織發生的財務費用，一般在「財務費用」科目進行核算，並按費用種類設定明細帳。財務費用發生時，記入該科目的借方；期末將餘額結轉「本年利潤」科目時，記入該科目的貸方，在會計中屬於損益類科目。

成果 3 阿米巴收入科目的常見結構

一級	二級	三級	四級	單價	數量
收入	內部收入	產品收入	產品 A		
			產品 B		
		服務收入	服務 A		
			服務 B		
		其他收入			
	外部收入	產品收入			
		服務收入			
		其他收入			

成果 4 阿米巴成本費用科目的常見結構

一級	二級	三級	四級	
支出	巴內成本（直接成本）	成本	材料	
			直接人工	
			製造費用	實際費用
				預提費用

第二章　阿米巴經營會計科目

一級	二級	三級	四級	
支出	巴內成本（直接成本）	費用	管理費用	
			銷售費用	
			財務費用	
	巴外分攤（間接費用）	費用	管理費用	
			銷售費用	
			財務費用	

■ 案例

日本京瓷公司創業不久，就引入了被稱為阿米巴經營的管理系統。該公司有許多個阿米巴組織，構成一個經營系統。所謂「阿米巴經營」，就是計算出每個「阿米巴」的單位時間附加價值，也就是從每個「阿米巴」的當月銷售額中，減去所有當月經費，剩餘金額除以當月總時間所得的數字，作為經營指標，我們將其稱為「單位時間核算制」。

日本京瓷公司就依據單位時間核算制，在月底進行結算，於次月初公布各部門的實績。只要細看單位時間核算表，「這個部門推出了這個產品，而那個部門沒有獲得客戶訂單」之類的情況，就能一清二楚，便於經營者迅速做出判斷，並採取對策。

另外，為將經費壓縮到最小，單位時間核算表把經費科目進行細分，比一般會計科目分得更細，構成所謂的實踐性經費科目。比如在京瓷公司，財務部門並不是籠統地列出一項「水電瓦斯費」，而是將其中的電費、水費、燃氣費項目分別列支。

這樣做，從事實際工作的員工就能一目了然，並可採取具體行動來削減經費。看了細分後的會計核算表，現場負責人就能掌握經費增減的原因，便於切實改進。

第五節
各阿米巴固定資產、流動資金盤點

固定資產、流動資金盤點，是對各項財產、物資進行實地盤點和核對，查明財產物資、貨幣資金和結算款項的實有數額，確定其帳面結存數額和實際結存數額是否一致，以保證帳實相符的一種會計專門方法。

透過固定資產、流動資金盤點，可以確定各項財產物資的實用數，確定各項財產的盤盈、盤虧，並及時調整帳簿紀錄，做到帳實相符，以保證帳簿紀錄的真實、可靠，提高會計資訊的品質；也可以促進資金加速周轉，查明各項財產物資的儲備和保管情況，以及各種責任制度的建立和執行情況，揭示各項財經制度和結算紀律的遵守情況，促使財產物資保管人員加強責任感，及時結清債權債務，避免產生呆帳損失。

阿米巴組織的財產清查，主要為固定資產盤點、流動資金盤點。

1. 固定資產盤點

企業為了管理固定資產，節省成本，提高效率，規範流程，確立責任，就需要對公司固定資產進行盤點。

阿米巴組織嚴格按照固定資產盤點計畫的要求和程序執行，對固定資產進行分類，認真填寫現有固定資產明細表，並在明細表備注欄註明哪些固定資產報廢、損壞，及主要原因，由相關企業負責人在盤點明細表說明材料上簽名，加以確認。

固定資產盤點及清查操作方法，主要有：

① 現有固定資產盤點前的準備。首先，要組成固定資產盤點小組，確定責任分工以及問題的協調、上報和處理機制；其次，進行資產盤點前的勘查，為實地查核做好準備；最後，編制固定資產盤點計畫。
② 利用帳務清理結果，編制盤點用的現有固定資產明細表。
③ 實地盤點並考核相關情況。固定資產的實地盤點考核，是資產清查的重要內容。公司在盤點前，應準備好分類及明細盤點基礎表、產權證明資料，在資產清查辦公室的統一領導和監督下組織實施。

固定資產的盤點應分類進行，在盤點帳面記載的固定資產時，要以帳查物，並要求查明固定資產的基本情況：仔細核對固定資產編號及名稱、結構或規格型號、數量、單位、購入單價、購入金額、分攤年限、剩餘年限、當前價值等。

對帳外固定資產，應透過帳面紀錄核對和甄別，查明固定資產的基本情況，著重查明未入帳原因、固定資產的來源、產權狀況、價值狀況等。

現有固定資產明細表、現有設備／工具明細表、現有庫存材料明細表的內容，詳見表 2-11 ～表 2-13。

表 2-11 現有固定資產明細表

阿米巴名稱： 單位： 萬元

資產名稱	規格／型號	數量	單位	購入單價	購入金額	分攤年限	剩餘年限	當前價值

第五節　各阿米巴固定資產、流動資金盤點

表 2-12　現有設備／工具明細表

阿米巴名稱：　　　　　　　　　　　　　　　　單位：　　萬元

設備／工具名稱	規格／型號	數量	單位	購入單價	購入金額	專用／共用	現在部門	責任者

表 2-13　現有庫存材料明細表

阿米巴名稱：　　　　　　　　　　　　　　　　單位：　　萬元

材料名稱	規格／型號	材料編號	數量	單位	購入單價	購入金額	是否呆帳
合計金額							

2. 流動資金盤點

　　阿米巴組織的流動資金盤點，是指企業根據帳簿紀錄，對各項流動現金進行盤點，以及對銀行存款和債權、債務進行查詢、核對，查明實存數與帳存數是否相符。在流動資金清查過程中，如果發現帳實不相符，發生

了財產盤盈、盤虧,應查明原因,按照制度規定調整帳簿紀錄,使其符合實際情況。

▋重點提示

　　流動資金的重要性,是每一次周轉可以產生營業收入及創造利潤。加強流動資金的盤點與管理,可以加速流動資金周轉,減少流動資金占用,促進阿米巴組織生產經營的發展。有利於阿米巴組織加強經濟核算,提高生產經營管理水準。

　　應收、應付帳款明細表,詳見表 2-14。

表 2-14　應收、應付帳款明細表

阿米巴名稱:　　　　　　　　　　　　　　　　　　單位:　萬元

客戶名稱	應收科目	應收日期	應收金額
合計金額			
客戶名稱	應收科目	應收日期	應收金額
合計金額			
應收　應付			

第三章
阿米巴費用分攤

公共費用分攤是指將各阿米巴之間的共同費用進行分攤,便於各生產成本的科學計算。

在阿米巴經營模式中,為達成利潤最大化,要求經費最小化。因而,為使每個阿米巴團隊能最大限度降低費用,實現利潤最大化的目標,在需要對費用進行預算的基礎上,對公共性的費用進行相應的分攤或確定費用的歸宿,以實現權、責、利的完全對應,如圖 3-1 所示。

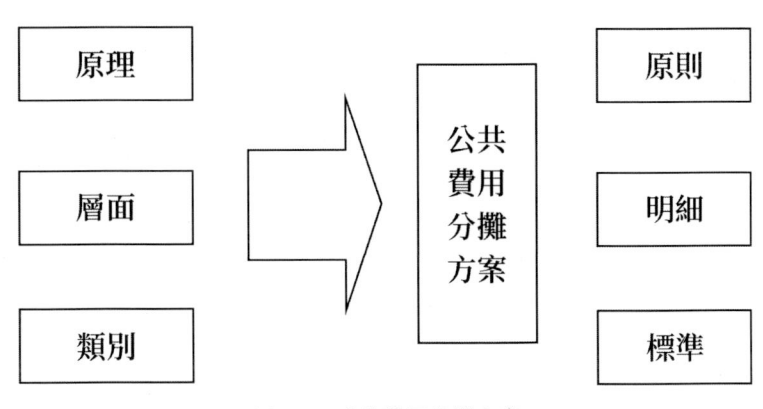

圖 3-1　公共費用分攤方案

第三章　阿米巴費用分攤

▍本章目標

① 理解：公共費用分攤的原因。
② 理解：公共費用的分攤原則、方法和角度。
③ 掌握：如何科學分攤公共費用。
④ 掌握：費用分攤的層級。
⑤ 操作：對本阿米巴進行公共費用分攤。

▍形成成果

阿米巴公共費用分攤規則。

第一節
公共費用分攤概述

▍提示

　　本節是公共費用分攤的原理部分,是理解費用分攤的鑰匙,需要深刻理解。

一、公共費用分攤的必要性

　　企業匯入阿米巴經營模式之後,內部經常會發生一個爭論:總部的費用該不該分攤?很多人的想法是:「不分攤!總部那麼多費用,生產部經理拿著高薪資,總經理拿著高薪資,又跟我沒關係。再說,我也不可控啊!所以你分給我做什麼呢?」結果有可能導致企業若干個基層阿米巴都有利潤,而綜合成二級阿米巴是虧損的,二級阿米巴再綜合成一級阿米巴也是虧損的,主要原因是沒有分攤公共費用。

　　所以,企業必須合理分攤公共費用。

　　阿米巴經營模式是由各個阿米巴自主經營、獨立核算。企業在生產經營的過程中,需要將公共費用分攤到各個阿米巴,將不能確定費用歸屬、不易直接計量費用數值、費用數值對經營結果影響較大、阿米巴確有從中獲益的公共費用,由多個獲益阿米巴按一定的規則共同分擔。

> 思考:為什麼阿米巴要進行公共費用分攤?

第三章　阿米巴費用分攤

二、公共費用分攤的作用

① 將各類公共資源量化，全面鎖定各阿米巴的經濟責任。
② 真實、客觀、合理、科學地衡量各阿米巴的經營管理績效。
③ 落實人人都是經營者的使命感和責任感，將企業資源利用最大化。

也有很多人問：「公共費用能不能少分一點呢？」總部的預算型阿米巴的費用，其稽核需要企業所有巴長的80%同意通過，才能把這個總部費用的預算建立起來。如果超過20%的巴長不同意，就需要說出反對的理由。這麼一來，自然而然就對總部的很多費用進行了控制。由於巴長開始關注經營，費用自然就會減少很多。

> 思考：阿米巴公共費用分攤的作用，你如何理解？

三、如何合理分攤公共費用

如何合理分攤公共費用，我們透過三個問答題來了解：

■ 1. 哪些公共費用該分攤？

不能產生利潤又不能降低成本的預算型阿米巴的所有費用，都應該分攤。

■ 2. 是否購買而不分攤？

職能部門的工作可分為服務與管控兩類，前者定價購買，後者只能分攤。例如某集團總部職能中心的所有費用，都會分攤到各個阿米巴。

3. 費用不可控怎麼辦？

① 總部擬定預算，巴委會討論通過。
② 按預算分攤到阿米巴，年底多退少補。
③ 不足部分從總部利潤中補給。

> 思考：設計合理分攤公共費用的流程。

四、公共費用分攤的原則

1. 總原則：誰受益，誰承擔

在阿米巴經營會計實務工作中，時常會遇到一些公共費用的分攤問題。比如同一項費用，需要在兩個或兩個以上的阿米巴之間分攤；或同一項費用，需要在同一企業的不同阿米巴之間分攤等。這就涉及公共費用分攤原則。

不同類別、性質的費用，應採用不同的費用分攤規則。費用分攤規則應遵行「誰受益，誰承擔」的原則。例如產品阿米巴的原輔材料成本和包裝材料成本，直接計入定價成本。其他費用的受益對象為唯一產品的，直接計入其定價成本；受益對象為多個產品阿米巴的，在受益產品阿米巴之間分攤。無法確定具體受益產品，但與產品阿米巴業務相關的公共性費用，在全部產品阿米巴中分攤。

2. 操作原則

① 資源有償使用原則。主要是防止使用的不承擔，承擔的用不上。
② 資源有效使用原則。防止有效資源無效使用，無效資源強行分擔。

③ 分攤一致認同原則。數據透明合理，避免單方面強行分攤導致經營激勵失效。
④ 整體成本降低原則。全員、全面、時刻參與成本降低，防止只落一時、一地、一人。
⑤ 核算盡量簡化原則。在不影響合理分攤的前提下，盡量簡化分攤項目和分攤規則。

3. 分攤順序

客觀公平地將各種費用分攤到各阿米巴組織。根據組織狀況，費用分攤的層級分別是：集團控股公司 — 各區域 — 各分子公司 — 一級巴（例如行銷巴和生產巴）— 二級巴 — 三級巴等。最後一直分解到最低層的阿米巴組織。

操作

對阿米巴進行公共費用分攤。

五、公共費用的分攤方法

阿米巴的公共費用分攤步驟主要包括：

① 確定成本對象；
② 歸納共同費用；
③ 選擇分攤標準；
④ 將共同費用分攤到成本對象中；
⑤ 歸納 — 分攤 — 再歸納 — 再分攤，直到最終成本計算出來。

在理論上，費用分攤可能存在一個最佳標準。有些共同費用的分攤標準較明確，如水電費，按實際耗用量分攤；但更多的共同費用沒有明確的

分攤標準，因為共同往往就意味著沒有標準，如品牌廣告費用在不同產品之間分攤，到底是按銷量分攤更合理，還是按價格或市場占有率分攤更科學？

操作

設計合理分攤公共費用的方法。

評點

費用分攤類似內部稅收，它是以政策為導向，不同標準可能會有不同的後果，如以人員為標準，可能會促使某些部門盡量少僱用人員。此外，還可以以實際耗用量為標準、以比例為標準、按協商標準等。因此，沒有絕對完美的分攤標準。

第二節
公共費用分攤的操作

▌提示

本節需要在理解上一節內容的基礎上，按照公共費用分攤的角度和類別，進行準確操作。

一、公共費用分攤的三個角度

公共費用分攤有三個角度（如圖 3-2 所示）：

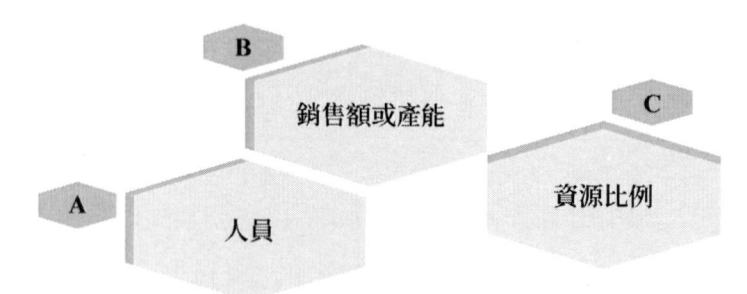

圖 3-2　公共費用分攤的三個角度

▌1. 按人員進行費用分攤

根據各阿米巴團隊的人數，對相關的費用預算進行相應比例的分攤。

▌2. 按銷售額或產能分攤

根據各業務部門所負責的業績數據，統計相應的比例係數，將部分公共費用進行分攤。

3. 按資源比例分攤

即按各阿米巴團隊所占用資源的多少，形成相應比例和係數，進行費用分攤。

成果 5 阿米巴公共費用分攤規則

科目	購買或分攤規則
招聘	按人數 × 層次 × 職類定價
宿舍	按面積 × 物業服務定價
會議室	按大小 × 使用時間定價
總經辦公費	按各個阿米巴營業收入分攤
警衛部工費	按各個阿米巴人數分攤
對外捐助	按各個阿米巴利潤分攤
IT 部工費	按終端點數分攤
公共娛樂費	按各個阿米巴層級係數分攤

操作

設計本公司公共費用分攤的規則。

二、費用分攤整體思路

費用分攤規則分類說明：

① 按人數分攤。
② 按營業額分攤。
③ 按資源配置分攤。例如按電腦臺數、PDA 數量、面積、資產總額、使用時間等分攤。

第三章　阿米巴費用分攤

④ 收費方式：對產品和服務進行定價，按實際使用數量與價格進行核算。
⑤ 自負盈虧：成為獨立經營團隊，與公司現有架構完全脫鉤。

思路：

從組織的頂尖結構開始，將所有費用向下逐級進行分攤（或交易），每個層級阿米巴的分攤費用，可以全面清晰地統計出來。

步驟：

(1) 將控股公司的費用向管區進行分配。

  A. 列出本級費用明細項目；
  B. 逐項確定分攤規則；
  C. 合併分攤規則相同項；
  D. 將費用分攤到下一層級。

(2) 將管區的費用向公司進行分配。

  A. 列出本級費用明細項目；
  B. 逐項確定分攤規則；
  C. 合併分攤規則相同項；
  D. 將費用分攤到下一層級。

(3) 以此類推，直到最小團隊。

費用分攤原則：

① 同一費用從上級部門到下級部門，盡可能按同一規則進行分攤，變換規則請用顏色區分。
② 誰受益，誰承擔，盡可能公平、公正。
③ 分攤後各級費用總和與分攤前總和一致，即無論怎麼分，總和相等。

第二節　公共費用分攤的操作

三、費用層級劃分

公共費用按層級劃分，需列明相關層級、承擔費用的人員和部門名稱，從上級到下級，層級分明，直至最小團隊，具體見表3-1。

表3-1　費用層級劃分

費用層級	集團／公司／部門名稱	需進行人員和費用分攤的部門	承擔費用的直接下屬公司／部門	與承擔費用的直接下屬公司／部門直接相關巴	說明
1	控股公司	董事長	2個管區：××管區、××管區	無	
		財務總監			
		人力資源總監			
		PDA系統維護專員			
		品牌及網路維護專員			
		董事會祕書辦公室			
		內審部			
2	××管區	總經理（兼）	2個部門：銷售、工廠	無	
		財務部			
		人事行政部			
		技術研發部			
		行銷部			
		市場部			
		生產營運部			
		設備工程部			
		採購部			

089

第三章　阿米巴費用分攤

費用層級	集團／公司／部門名稱	需進行人員和費用分攤的部門	承擔費用的直接下屬公司／部門	與承擔費用的直接下屬公司／部門直接相關巴	說明
3	××公司	財務部	2個部門：銷售、工廠	一級巴	
		人事行政部			
		採購部			
4	××銷售部		三個二級銷售巴	銷售二級巴	
	銷售一級巴				
	工廠		三個工廠	工廠一級巴	
5	銷售二級巴		17個三級巴		
	工廠一級巴		工廠二級巴	17個三級巴	
	工廠二級巴		工廠三級巴		

四、公共費用分攤規則

公共費用分攤規則分類：

① 按人頭分的團隊有人資中心、財務中心、副總裁辦公室、總裁辦公室等。

② 按營業額分攤的有市場中心、策略採購、運輸費、研發專案管理中心、標準化研究中心。

③ 按收費方式分攤的有行政部、車隊、試驗中心。

④ 按資源配置分攤的有工程中心、品質中心、IT。

⑤ 自負盈虧的有研發、市場中心零售業務。

⑥ 不參與各BU分攤的是研發中心孵化業務。

第二節　公共費用分攤的操作

公共費用分攤規則詳細內容，見表 3-2。

表 3-2　公共費用分攤規則

序號	部門	費用項目	固定＆變動分配	分攤規則
1	人資中心	社會保險、住房公積金	固定	(1) 由人資統一做預算，人資需提供各分公司、各 BU、總部部門的社會保險／公積金的預算清單，要求具體到各分公司、各 BU。發送給相關部門，並要求將這部分預算依照人資所列金額加到各 BU 的預算費用項目中。 (2) 其中，總部公共服務部門的社會保險／公積金按照人數比例全部要分攤到各 BU。
		社會保險、住房公積金	固定	(3) 要求人資的預算分配清單需配置合理、要求與實際分配相接近。 (4) 實際月結入帳時，將以年度預算的各月固定金額進行計算。實際超出部分由總部承擔，並由人資進行檢討。 (5) 人資中心需注意各法人公司上繳人數比例，防範風險。

第三章　阿米巴費用分攤

序號	部門	費用項目	固定&變動分配	分攤規則
2	人資中心	獵人頭招聘費	固定	(1) 人資中心依據人力需求統一做預算規劃。依照各 BU 獵頭招聘預估費用進行分攤，例如 BU2 在 2014 年需要獵人頭招聘 1 位高階主管，預計發生獵頭費 5 萬元。那這筆費用就預算在 BU2。 (2) 2014 年實際月結入帳時，遵循誰受益、誰承擔的原則，依實際發生額計入受益 BU。 (3) 總部職能部門發生的獵頭費用，依各 BU 人數比例進行分配
3	人資中心	除獵頭外其他人員的招聘費	固定	(1) 人資中心依據人力需求統一做預算規劃。依照各 BU 需要招聘的人數進行分攤，按人均費用進行計算。 (2) 2014 年實際月結入帳時，遵循誰受益、誰承擔的原則，依實際發生額計入受益 BU。 (3) 總部職能部門發生的招聘費用，依各 BU 人數比例進行分配
4		商業保險、福利費、培訓費	固定	(1) 人資中心做一個整體預算，然後按照各 BU 人數進行分攤。 (2) 2014 年實際月結入帳時，將依年度預算的各月固定金額進行計算。實際超出部分由總部承擔，並由人資進行檢討

第二節　公共費用分攤的操作

序號	部門	費用項目	固定＆變動分配	分攤規則
5	人資中心	有獎介紹、身障人士保障金	固定	(1) 人資中心做一個整體預算，然後按照各 BU 人數進行分攤。 (2) 2014 年實際月結入帳時，將以年度預算的各月固定金額進行提列。實際超出部分由總部承擔，並由人資進行檢討
6	人資中心	總部其他費用	固定	(1) 人資中心做一個整體預算出來，然後按照各 BU 人數進行分攤。 (2) 2014 年實際月結入帳時，將以年度預算的各月固定金額進行提列。實際超出部分由總部承擔，並由人資進行檢討
7	行政	水電	變動（按水電表數）	(1) 各 BU 必須有各自獨立的水表、電表。請行政部於 12 月中旬完成水表、電表的安裝確認。 (2) 由行政部提供收費標準（以每噸、每度多少元的方式，按供電供水公司標準）給到各 BU，由各 BU 依據生產計畫自行預算。
		水電	變動（按水電表數）	(3) 總部職能部門發生的水電費用，依各 BU 人數比例進行分配。 (4) 2014 年實際月結入帳時，各 BU 實際發生的水電費以行政部的抄表數據及收費標準計算

第三章　阿米巴費用分攤

序號	部門	費用項目	固定&變動分配	分攤規則
8	行政	宿舍、外租宿舍租金	變動（按房間數）	(1) 依計算租金的方式分攤，由行政部擬租金收費標準。 (2) 由各 BU 自行預算。 (3) 總部職能部門發生的費用，依各 BU 人數比例進行分配
9	行政	生產及辦公區域租金	變動（按面積數）	(1) 依計算租金的方式分攤，由行政部擬訂租金收費標準。 (2) 由行政部統計各 BU 及總部職能部門的面積分布圖，並按照收費標準計算出各 BU 及總部職能部門的租金預算，並發送給相關部門，且要求將這部分預算按照人資所列金額加到各自的預算費用項目中。
9		生產及辦公區域租金	變動（按面積數）	(3) 總部職能部門發生的費用，依各 BU 人數比例進行分配
10		修理費用	變動（按實際用材料）	分成兩部分： (1) 修理用的材料費用：由各部門採購修理用材料，並自行預算。 (2) 人工及其他費用：依各 BU 人數比例進行分配
11		其他費用	固定	按各 BU 人數占比進行分攤
12	財務中心	進出口	固定	運費可以直接計算到客戶的歸到客戶的 BU，其他按各 BU 營業額占比進行分攤
13		其他費用	固定	按各 BU 人數占比進行分攤
14	市場中心	零售業務	不分配	獨立核算，自負盈虧
15		市場部發生的相關費用	固定	按各 BU 營業額占比進行分攤

第二節 公共費用分攤的操作

序號	部門	費用項目	固定＆變動分配	分攤規則
16	分公司研發	分公司研發	不分配	獨立核算，自負盈虧
17	研發中心	新能源研究	不分配	主要進行光電研究，此部門的費用全部由分本公司承擔
18		工業電源研究中心	不分配	主要進行新品孵化研發，暫不做分攤，由集團總部吸收承擔。待後續新品市場化以後再定具體的分攤規則
19		專案管理中心、標準化研究分院	固定	按各 BU 營業額占比進行分攤
20		可靠性分析實驗中心	按收費標準	(1) 依收取服務費的方式分攤，由試驗中心擬訂收費標準。 (2) 由各 BU 依據銷售預測、收費標準做預算。 (3) 2014 年實際月結入帳時，依照試驗中心提供的各 BU 費用清單進行記帳
21	品質中心	所有費用	固定	依照資源配置比例進行分配
22	經營中心	車隊—貨物運輸費	變動	(1) 依收取服務費方式計算運輸費，提供外租車及廠車收費標準。 (2) 一車只拉一個客戶的貨，按客戶直接歸屬到對應 BU；如幾個 BU 共乘的則按重量比例進行分攤。
22	經營中心	車隊—貨物運輸費	變動	(3) 由各 BU 參考收費標準自行預算

第三章　阿米巴費用分攤

序號	部門	費用項目	固定＆變動分配	分攤規則
23	經營中心	車隊—小轎車費用	變動	(1) 依收取服務費方式計算運輸費，由負責人提供外租車及廠車收費標準。 (2) 由各 BU 參考收費標準自行預算
24		運輸費	變動	(1) 海運：以外部船運的收費方式直接進到各 BU 運輸費。 (2) 其他費用：依各 BU 營業額比例分配
25		收料倉	變動	各 BU 分攤物流費用方案：
26		成品倉	變動	(1) 分攤至 BU 的物流費用為：應分攤至該 BU 的費用＋[1+ 該 BU 存貨總金額（含原料和成品）×1.5 公司／公司存貸總金額（含原料及成品）] (2) 應分攤至該 BU 的費用為：物流總費用×（BU 當月總銷售額／公司當月總銷售額）
26		成品倉	變動	(3) 異常加收費用標準：各 BU 如對原物料以及成品的庫存量沒有控制在應有規定的倉儲空間之內，而產生爆倉的現象，對此將計算加收倉租費用為 50 元／平方公尺／日
27		IT	固定	分作兩部分： (1) SAP 使用費及 SAP 顧問（按使用者數）。 (2) 其他（按計算機數量）
28		除了以上費用項目之外	固定	按各 BU 營業額占比進行分攤

序號	部門	費用項目	固定＆變動分配	分攤規則
29	工程中心	所有費用	固定	依照資源配置比例進行分配
30	含廢品倉	所有費用	不分配	廢品收入歸集團所有，所有費用抵扣收入
31	總裁辦公室	策略採購	固定	依各 BU 當期採購額占比進行分攤
32	區域費用	銷售	變動	BU2 承擔
33		其他行政費用	變動	按各 BU 營業額占比進行分攤
34	其他公共部門	所有費用	固定	按各 BU 人數占比進行分攤

五、公共費用科目與分攤規則

公共費用科目與分攤規則，根據不同部門的情況自行設定，具體範例見表 3-3。

表 3-3　公共費用科目與分攤規則

序號	對接部門	對接事項	科目名稱	科目定義	現記帳方式	建議分配標準	備註
1	董事辦公室	項目費用	項目費用	只限董事辦公室及總經理辦公室使用	董事辦公室	不分配	

第三章　阿米巴費用分攤

序號	對接部門	對接事項	科目名稱	科目定義	現記帳方式	建議分配標準	備注
1	董事辦公室	顧問費	顧問費	支付顧問項目發生的費用（含顧問公司費用，參加產業協會等的會員費用）	董事辦公室	不分配	
		應酬費	應酬費	為應酬而發生的紅包、禮金、娛樂及其他費用（包括為應酬而產生的車費、餐水費、住宿費等）、直接折讓給客戶（公司）的折扣費用	董事辦公室	不分配	
		訴訟費	訴訟費	支付的訴訟費	董事辦公室	按案件的具體歸屬部門劃分直接支付外部的費用	

第二節　公共費用分攤的操作

序號	對接部門	對接事項	科目名稱	科目定義	現記帳方式	建議分配標準	備注
1	董事辦公室	法務費	法務費	為處理訴訟案件發生的除訴訟費外的費用	董事辦公室	按案件的具體歸屬部門劃分直接支付外部的費用	
		工會相關費用	工會相關費用	為工會發生的專案費用	董事辦公室	按人數分配	
2	總經理辦公室	項目費用	項目費用	總經理辦公室使用	總經理辦公室	不分配	
		顧問費	顧問費	支付顧問項目發生的費用（含顧問公司費用，參加產業協會等的會員費用）	總經理辦公室	不分配	
		福利費	公司活動費（活動經費）	各部各項活動經費	總經理辦公室	不分配	
		茶水費	茶水費	下午茶所支付的水果、糖果等費用	總經理辦公室	不分配	

第三章　阿米巴費用分攤

序號	對接部門	對接事項	科目名稱	科目定義	現記帳方式	建議分配標準	備註
2	總經理辦公室	訴訟費	訴訟費	支付的訴訟費	總經理辦公室	按案件的具體歸屬部門劃分直接支付外部的費用	
		應酬費	應酬費	為應酬而發生的紅包、禮金、娛樂及其他費用（包括為應酬而產生的車費、餐水費、住宿費等）、直接折讓給客戶（公司）的折扣費用	總經理辦公室	不分配	

100

第二節　公共費用分攤的操作

序號	對接部門	對接事項	科目名稱	科目定義	現記帳方式	建議分配標準	備注
2	總經理辦公室	輔料／固資／設備採購、委外維修費		主要是申請購買輔料、固資、設備的服務費用，委外維修費用	按實際申請部門歸納	直接成本計入事業部，按採購總額的0.1%收取服務費，固定一月收取一次	
		對外聯絡相關費用		主要是對外所有應酬費、差旅費、手續費等	總經理辦公室	專門為事業部辦理的，可以直接歸屬到部門，其他不清晰的費用不分配	
3	人力企管部	住房公積金	住房公積金	指公司為員工繳交部分的房屋公積金	人力資源部	各部門人員實際支付金額分配	

101

序號	對接部門	對接事項	科目名稱	科目定義	現記帳方式	建議分配標準	備註
3	人力企管部	社會保險費	社會保險費	支付的社會保險金，含養老保險、失業保險、職災保險、醫療保險（公司支付部分）	各成本中心	各部門人員實際支付金額分配	
		招聘費	招聘費—場地費	為招聘而支付給人才市場或其他機構、為公司內部介紹工作人員的費用、應徵人員交通費	人力資源部	直接支付給外部的招聘費用按人數分配	

第二節 公共費用分攤的操作

序號	對接部門	對接事項	科目名稱	科目定義	現記帳方式	建議分配標準	備註
3	人力企管部	培訓費	培訓費	交給培訓機構的學費、資料費、外出培訓所發生的差旅費、場地費，公司為員工內部培訓支付的費用（包括內部講師費用）	由本單位舉辦的培訓由本成本中心承擔；公共培訓費用由人力資源部承擔	外部培訓記入各事業部；內部培訓不分攤	
		會議室、培訓室使用管理		管理會議室、培訓室發生的各項費用		不分攤	
		福利費	公司活動費	節日費用、運動會費等集團活動產生的費用	人力資源部	不分攤	

103

第三章　阿米巴費用分攤

序號	對接部門	對接事項	科目名稱	科目定義	現記帳方式	建議分配標準	備註
3	人力企管部	福利費	公司活動費	體檢費、子女入學補貼、優秀員工旅遊費、團隊建設活動費、年底及開工紅包、生日活動費用	人力資源部	各部門實際受益人員分配	
			補償金	被解職人員離職補償金	各部門	分配到各事業部	
		員工調配費、植樹費、聯防費	繳交政府雜費	支付給政府部門的員工調配費用、治安聯防費、植樹費等，包括工商管理費、各類行政證件的審查費用	人力資源部	按人數的比例分配	
		考勤系統管理費用		考勤系統的管理、維護費用	人力資源部	不分攤	

第二節　公共費用分攤的操作

序號	對接部門	對接事項	科目名稱	科目定義	現記帳方式	建議分配標準	備註
3	人力企管部	發放薪資的工本費、手續費、辦理銀行卡務相關費用		新進人員辦理銀行卡務費用、發放薪資手續費用	各部門	按實際發生費用的人數分配	
		直接人員調動、調配		各部門之間直接人員的調配		以標準薪資的1.5倍計算	
		對外聯絡相關費用		辦理對外聯絡的所有費用	人力資源部	專為事業部辦理的，可以直接歸屬到部門，其他不清楚的費用不分配	
4	行政部	公共折舊費	公共折舊費	大樓公共部分所發生的折舊費用	大樓公共折舊部分分攤到部門	按使用部門的實際占用面積分攤，公共面積不分攤	

105

第三章　阿米巴費用分攤

序號	對接部門	對接事項	科目名稱	科目定義	現記帳方式	建議分配標準	備註
4	行政部	租金	租金—宿舍租金（外部）	為員工所支付的外租宿舍房屋租金、水電費	行政部	按實際使用的人數分配	
		租金	租金—內部宿舍	公司內部宿舍發生的費用及管理費用	行政部	按實際使用人數和固定收費標準分配	
		福利費	公司活動費	春節值班、護廠、活動費用	行政部	按人數分配	
		修理及保養費	保養費	本部門日常設備點檢保養所發生的費用（含材料領用、保養油等）	電梯保養費記入行政部；設備保養費記入各部門	能直接歸屬的，記入事業部；不能直接歸屬的不分攤	

第二節　公共費用分攤的操作

序號	對接部門	對接事項	科目名稱	科目定義	現記帳方式	建議分配標準	備注
4	行政部	修理及保養費	設備修理費	設備損壞後由工程部或IT部門維修領用材料所產生的費用，及送外廠／部門修理所發生的費用	分配到各部門		
			工治具費用	外購及委託五金工模加工工治具費用	各部門依實際發生記賬		
			後勤維修費用	行政部門自製易耗品（桌椅等），後勤、宿舍水電等維修、小裝修費用	分配到各部門		

107

第三章　阿米巴費用分攤

序號	對接部門	對接事項	科目名稱	科目定義	現記帳方式	建議分配標準	備注
4	行政部	燃料動力費	電費	支付的電費（抄表數計算）	分配到各部門	可以直接抄表計算的，記入各事業部；公用部分，按人數計算	
			水費	支付的水費	行政部統一報銷，記入各單位		
		燃料動力費	燃料費	核算生產經營過程中所使用的各種氣體、各類燃油，如柴油、汽油等	行政部統一報銷，記入各單位	可以直接抄表計算的，記入各事業部；公用部分，按電表計算	
		排汙費	排汙費	交付的排汙排洪費用、包通下水道等費用	行政部	不分攤	

第二節　公共費用分攤的操作

序號	對接部門	對接事項	科目名稱	科目定義	現記帳方式	建議分配標準	備註
4	行政部	衛生費	衛生費	繳交給環保部門的衛生費用	行政部	不分攤	
		通訊費	固定電話費	支付的固定電話費用	行政部統一報銷，記入各單位	按號碼使用單位分配	
			手機費	支付報銷的手機費	行政部統一報銷，記入各單位	按號碼使用單位分配	
		籃球場等所有公用設施		籃球場等公用設施的管理、維護費用	行政部	不分配	
		保全服務費		行政部保全人員的薪資、社會保險、住房公積金等各項費用	行政部	保全人員薪資、社會保險、住房公積金，按總人數的比例分配	

109

第三章　阿米巴費用分攤

序號	對接部門	對接事項	科目名稱	科目定義	現記帳方式	建議分配標準	備註
4	行政部	宿舍水電費		宿舍人員的水費、電費	各部門	按電表、水表直接歸屬	
		公用設施的水電費		公用設施的水電費	各部門	不分配	
		消防設施		廠區使用的滅火器、緊急燈等消防設施費用	行政部	按實際使用數量分配	
		監控系統		廠區內監控系統的購置、維護費用	行政部	不分配	
		食堂管理		食堂的管理費用	行政部	不分配	
		綠化管理		廠區內綠化、盆栽維護費用	行政部	不分配	

第二節　公共費用分攤的操作

序號	對接部門	對接事項	科目名稱	科目定義	現記帳方式	建議分配標準	備注
4	行政部	對外聯絡相關費用		辦理對外聯絡的所有費用	行政部	專為事業部辦理的，可以直接歸屬到部門，其他不清晰的費用不分配	
		快遞、訂機票等服務費用		行政部為各部門訂機票、辦理快遞的服務費用	行政部	快遞費、機票費依實際發生記入事業部，服務費按月收取固定費用	
		職災辦理費用		行政部為各部門辦理職災的各項費用	行政部	依實際發生記入事業部，服務費按月收取固定費用	

第三章　阿米巴費用分攤

序號	對接部門	對接事項	科目名稱	科目定義	現記帳方式	建議分配標準	備註
5	財務部	商業保險	財產保險	支付公司財產保險相關費用	財務部	不分配	
			人身意外保險	支付人身意外險費用	財務總部	不分配	
		審計費	審計費	支付的審計費用	財務部	不分配	
		稅費	房產稅	提列的房產稅	財務部	不分配	
			土地使用稅	提列的土地使用稅	財務部	不分配	
			車船使用稅	提列的車船使用稅	財務部	不分配	
			印花稅	支付的企業印花稅	財務部	不分配	
		稅費	堤圍費	繳交政府單位的堤圍費用	財務部	不分配	
		出納、會計處理事務		財務人員協助事業部辦理日常帳務處理	財務部	如第一事業部分配一名財務人員，此費用記入第一事業部	

第二節　公共費用分攤的操作

序號	對接部門	對接事項	科目名稱	科目定義	現記帳方式	建議分配標準	備註
6	市場部	廣告費	參展費	參加展覽支付給展覽主辦機構的攤位費用，因參展、廣告、出差報銷的車費、餐水費、零星開支	市場部	可直接歸屬的，記入事業部；不可直接歸屬的，按參展產品的比例分配	
			市場開拓費用	市場部開拓市場費用，包括購買市場分析報告等的費用	市場部	可直接歸屬的，記入事業部；不可直接歸屬的，按推廣產品的比例分配	

113

第三章　阿米巴費用分攤

序號	對接部門	對接事項	科目名稱	科目定義	現記帳方式	建議分配標準	備註
6	市場部	廣告費	廣告費	公司為銷售產品或公司形象宣傳發生的費用	市場部	可直接歸屬的，記入事業部；不可直接歸屬的，按年度預算營業額的比例分配	
		專利費	專利費	支付的各項專利申請費(含產品專利申請費用，商標註冊費)	市場部	直接歸屬各事業部(針對事業部發生的)	
7	進出口科	報關費	查車費	指支付海關查車、車場費用	進出口科	可直接歸屬的，記入事業部；不可直接歸屬的，按銷售額比例分配	
			打單費	支付海關打單費用以及影印、印刷、傳真、工本等費用	進出口科		

第二節　公共費用分攤的操作

序號	對接部門	對接事項	科目名稱	科目定義	現記帳方式	建議分配標準	備注
7	進出口科	報關費	商檢費	支付進出貨的商檢費用	進出口科	可直接歸屬的，記入事業部；不可直接歸屬的，按銷售額比例分配	
			委託費	委託轉廠費用	進出口科		
			報關費	(刪除)	進出口科		
			報關人員服務費				
8	品質中心	客訴客退費	重新生產材料	去客戶處重新生產耗用的材料	根據責任單位分配	直接按責任單位歸屬	
			處理客訴費用	去客戶處重新生產、修復處理所發生的所有費用（車費、餐水費、住宿費、應酬費等）	根據責任單位分配	直接按責任單位歸屬	

115

第三章　阿米巴費用分攤

序號	對接部門	對接事項	科目名稱	科目定義	現記帳方式	建議分配標準	備註
8	品質中心	客訴客退費	原材料檢測費	支付原材料檢測費（包括材料環保檢查、抽樣、跌落試驗等費用）	品管	直接按責任單位歸屬	
			客戶查廠費用	客戶來公司查廠的應酬費、車資等各項費用	根據責任單位分配	依客戶歸屬，其他部門配合的費用不分配	
			體系認證費	認證費用、證書年費	根據責任單位分配	不分配	
9	工程中心	檢測費	設備儀器檢測	支付設備儀器檢測用（含審核費）	工程部統一報銷，根據使用單位分配	直接支付給外部的直接歸屬到事業部；內部的按雙方確定的價格表分配	

116

第二節　公共費用分攤的操作

序號	對接部門	對接事項	科目名稱	科目定義	現記帳方式	建議分配標準	備注
9	工程中心	檢測費	設備維修	設備損壞後由工程部或IT部門維修領取材料所產生的費用，及送外廠／部門修理所發生的費用	工程部統一報銷，根據使用單位分配	材料直接記入事業部；直接支付給外部的直接歸屬到事業部；內部維護待商定	
			工治具費用	外購及委託五金工模加工工治具費用	各部門實際發生記帳	按內部交易價格	

117

第三章　阿米巴費用分攤

序號	對接部門	對接事項	科目名稱	科目定義	現記帳方式	建議分配標準	備註
10	客戶服務計畫部	運輸費	貨車運輸費	公司貨車的油費、路橋費、汽車修理費、年審費、保險費等	客服計畫部	外租車費用：若是第一事業部單獨請的車，按單租車費用算；若是合併車輛，按重量分攤費用，將事業部的費用算出來	
			外租貨車費	公司外租車的運輸費用	客服計畫部		
			小轎車費用	公司的小轎車油費、路橋費、維修費、年審費、保險費等	客服計畫部	依照外租小轎車的收費標準	
		小轎車費	外租小轎車費	指外租小轎車出差的費用	各部門		

第二節　公共費用分攤的操作

序號	對接部門	對接事項	科目名稱	科目定義	現記帳方式	建議分配標準	備註
10	客戶服務計畫部	送貨人員的費用		送貨人員的薪水等費用	客服計畫部	不分配	
		派車服務費		客戶服務部安排車輛服務費用	客服計畫部	不分配	
11	安規專項	認證費	安規認證費用	支付的檢查費用、體系檢查費、體系年費、為體系檢查而發生的費用、證書年費	安規專項	按客戶、產品直接分配	
		認證費	體系檢查費	支付的檢查費用、體系檢查費、體系年費、為體系檢查而發生的費用、證書年費	安規專項	不分配	
		外部檢測費	外部檢測費	送到外部單位進行檢測所發生的費用	安規專項	按客戶、產品直接分配	

119

序號	對接部門	對接事項	科目名稱	科目定義	現記帳方式	建議分配標準	備註
11	安規專項	內部檢測費	內部檢測費	安規中心可提供檢測的費用		按內部檢測價格標準	
12	資訊中心	SAP設備維護費	顧問費	伺服器、機房、網路設備等維修保護費用	資訊中心	不分配，待其他事業部成立後再定分配規則	
		硬體設備折舊費用	顧問費	各類硬體設施的費用	資訊中心	不分配，待其他事業部成立後再定分配規則	
		軟體的使用、攤銷費用	顧問費	使用軟體的費用	資訊中心	不分配，待其他事業部成立後再定分配規則	

第二節　公共費用分攤的操作

序號	對接部門	對接事項	科目名稱	科目定義	現記帳方式	建議分配標準	備注
12	資訊中心	電腦管理、維護、技術支援	顧問費	資訊中心管理、維護電腦和技術支援的費用	資訊中心	不分配,待其他事業部成立後再定分配規則	
		顧問各類開發服務費	顧問費	資訊中心為各部門開發報表產生的費用	資訊中心	不分配,待其他事業部成立後再定分配規則	
		網路費	網路費	支付的網路費用(含域名的維護費)	資訊中心	不分配,待其他事業部成立後再定分配規則	
13	研發中心	樣品費用	樣品費用	為客戶製樣所耗用的材料費用/送樣快遞費用	按領用部門分配	直接歸屬各事業部	

121

第三章　阿米巴費用分攤

序號	對接部門	對接事項	科目名稱	科目定義	現記帳方式	建議分配標準	備注
13	研發中心	檢測費	成品檢測費	支付成品檢測費（包括成品環保檢查、抽樣、跌落試驗等費用）	研發中心	直接歸屬各事業部	
			EMC檢測	支付研發部EMC預測費	研發中心	直接歸屬各事業部	
		專利費	專利費	支付各項專利申請費（含產品專利申請費用、商標註冊費）	申請部門（研發中心、市場部）	直接歸屬各事業部	
		工程倉管理	工程倉管理費用	工程倉管理發生的人員、場地、材料費用	研發中心	按照實際領用材料單價計算費用	
		標準化支援與資訊共享費用	標準化支援與資訊共享費用	研發提供的標準化支援與資訊費用	研發中心	不分配	

第二節　公共費用分攤的操作

序號	對接部門	對接事項	科目名稱	科目定義	現記帳方式	建議分配標準	備注
14	供應鏈中心	通用材料採購服務費用	通用材料採購服務費用	通用材料採購發生的服務費用	供應鏈中心	按領用總金額的0.1%收取	
15	資材中心	堆高機費	堆高機費	物流環節使用堆高機所發生的費用	資材中心	不分配，待其他事業部成立後再定分配規則	
		搬運費	搬運費	物流環節發生的搬運費用	資材中心	不分配，待其他事業部成立後再定分配規則	
		生產計畫、安排服務費	生產計畫、安排服務費	資材中心安排生產計畫發生的服務費用	資材中心	不分配	
16	分公司	材料購入發生的費用	材料購入發生的費用	購入材料發生的各項費用	分公司	不分配，材料單價中已加收0.3%代購費	

123

第三章　阿米巴費用分攤

序號	對接部門	對接事項	科目名稱	科目定義	現記帳方式	建議分配標準	備注
16	分公司	產品銷售發生的費用	產品銷售發生的費用	銷售產品發生的各項費用	分公司	銷售按實際直接分配到事業部；其他費用按銷售額比例分配	
17	各銷售中心	事業部之間交叉接單的價格確定	事業部之間交叉接單的價格確定	各事業部之間交叉接單的價格確定		以年度實際產生費用測算預算，半成品計價標準：按標準價+5%利潤作為交易價計算	
18	各事業部	關聯交易價格的確定	關聯交易價格的確定	各事業部之間關聯交易價格的確定			

第二節　公共費用分攤的操作

六、人力成本分攤表

人力成本主要包含人工費用、社會保險、住房公積金、工會經費等專案，各部門可根據實際情況自行制定分攤規則，具體範例見表3-4。

表3-4　人力成本分攤表

費用發生部門	費用項目	包含內容	分公司	銷售部（銷售一級巴）	銷售部（銷售二級巴）	銷售部（銷售三級巴）	工廠	三廠（工廠一級巴）	三廠（工廠二級巴）	三廠（工廠三級巴）
控股公司（統籌）	人工費用	薪資、勞務費	按销售額分攤	按費用分攤	按銷售額分攤	按人數分攤	按費用分攤	按產值分攤	按產值分攤	按人數分攤
	社會保險	養老＋失業＋醫療＋職災＋生育								
	住房公積金	住房公積金								
	工會經費	工會經費								

125

第三章　阿米巴費用分攤

費用發生部門	費用項目	包含內容	分公司	銷售部(銷售一級巴)	銷售部(銷售二級巴)	銷售部(銷售三級巴)	工廠	三廠(工廠一級巴)	三廠(工廠二級巴)	三廠(工廠三級巴)
分公司公共費用	人工費用	薪資 勞務費	按費用分攤	按銷售額分攤	按人數分攤	按費用分攤	按產值分攤	按產值分攤	按人數分攤	
	社會保險(統籌)	養老+失業+醫療+職災+生育								
	住房公積金	住房公積金								
	工會經費	工會經費								
部門公共費用	人工費用	薪資 勞務費	按費用分攤	按銷售額分攤	按人數分攤	按費用分攤	按產值分攤	按產值分攤	按人數分攤	
	社會保險(統籌)	養老+失業+醫療+職災+生育								
	住房公積金	住房公積金								
	工會經費	工會經費								

七、工時分攤表

工時分攤規則可根據發生部門的實際情況制定，範例見表 3-5。

表 3-5　工時分攤表

工時發生部門	分公司	銷售部（銷售一級巴）	銷售部（銷售二級巴）	銷售部（銷售三級巴）	工廠	三廠（工廠一級巴）	三廠（工廠二級巴）	三廠（工廠三級巴）
控股公司	按銷售額分攤	按費用分攤	按銷售額分攤	按人數分攤	按費用分攤	按產值分攤	按產值分攤	按人數分攤
分公司		按費用分攤	按銷售額分攤	按人數分攤	按費用分攤	按產值分攤	按產值分攤	按人數分攤
部門公共工時		依實際發生	按銷售額分攤	按人數分攤	依實際發生	按產值分攤	按產值分攤	按人數分攤

第三章　阿米巴費用分攤

第四章
阿米巴內部定價

　　內部定價是阿米巴領導者的職責,價格應定在客戶樂意接受、公司又賺錢的平衡點上。為產品定價有各種考量:是低價,薄利多銷?還是高價,厚利少銷?價格展現經營者的經營思想。

　　阿米巴經營模式引入外部的市場機制,各阿米巴團隊間將原本的工作交付關係,轉化為交易關係,相互間進行產品或服務交易。內部交易的前提是確定好各阿米巴團隊間的產品或服務價格。

第四章　阿米巴內部定價

▎本章目標

① 理解：內部定價的種類。

② 理解：從策略角度考量阿米巴內部定價。

③ 掌握：經營會計的四種內部定價方法。

④ 操作：如何對本阿米巴進行內部定價。

第一節
內部定價的種類

▎提示

　　本節內容是阿米巴經營會計的核心內容，需要深刻理解，反覆操練。

　　阿米巴與阿米巴之間的交易主要有兩種：一種是產品交易，另一種是服務交易。產品交易又分為三種：第一種是外發加工式，第二種是外購部件式，第三種是購銷委託式。

　　什麼叫外發加工式？即來客戶、來技術、來材料，補一下加工。

　　什麼叫外購部件式？企業從上游廠商購買商品，對阿米巴來說，是一個部件，對上游來說，它是一個成品。阿米巴要對這個部件進行加工或組裝，不是拿來就完全可以拿去賣，這個叫外購部件式。

　　什麼是購銷委託式？阿米巴接了訂單，然後下單給別人去做。產品做完之後，不需要阿米巴再做任何加工處理，直接就可以銷售給客戶。

　　阿米巴內部之間除了產品的交易，實際上還有很多是服務的交易，這些服務的交易也有一個定價。比如人力資源部幫助阿米巴應徵員工，獲得的報酬，就叫服務的定價。所以，我們從交易的種類來說，定價就分為產品定價和服務定價，然後再細分成不同的種類，這就是所有定價的種類（見表 4-1）。

第四章　阿米巴內部定價

表 4-1　阿米巴定價的種類

		簡述	訂貨式	備貨式
產品定價	外發加工式			
	外購部件式			
	購銷委託式			
服務定價	單項服務			
	常年服務			

按產品定價，有成本推演算法（訂貨式）、利潤逆演算法（訂貨式）、利潤逆演算法（備貨式）三種方式，如圖 4-1～圖 4-3 所示。按服務定價，有成本推演算法，以下有公式說明。

1. 產品定價 —— 成本推演算法（訂貨式）

圖 4-1　產品定價 —— 成本推演算法（訂貨式）

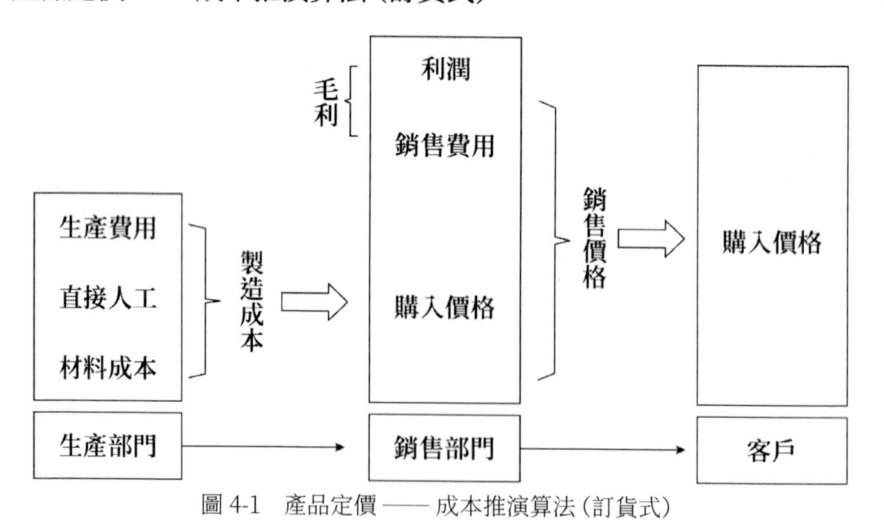

2. 產品定價 —— 利潤逆演算法（訂貨式）

圖 4-2　產品定價 —— 利潤逆演算法（訂貨式）

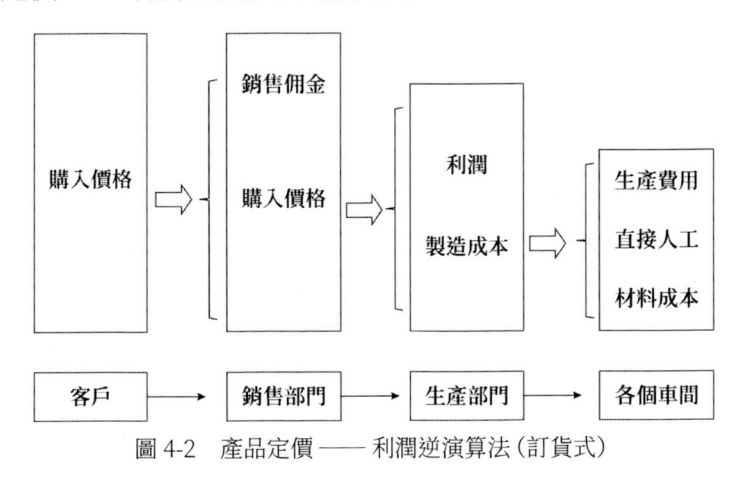

3. 產品定價 —— 利潤逆演算法（備貨式）

圖 4-3　產品定價 —— 利潤逆演算法（備貨式）

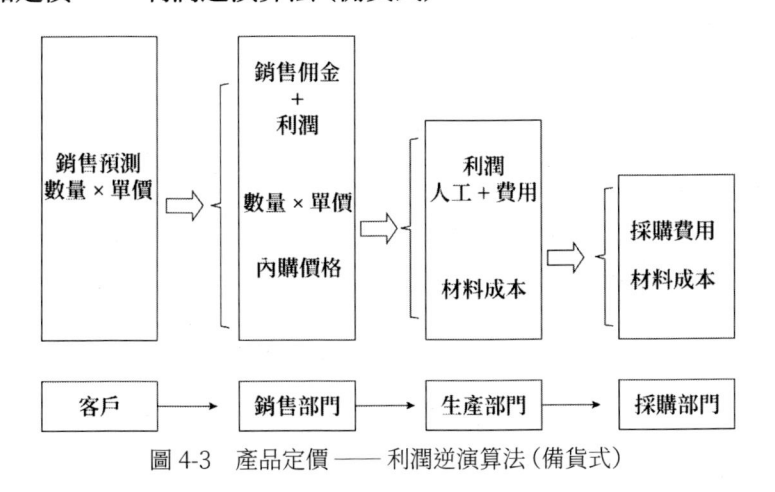

4. 服務定價 —— 成本推演算法

服務單價 =（人工 + 各種費用）÷ 預訂服務次數 + 單次利潤。

其中，人工 = 薪資 + 獎金 + 福利 + 其他；

費用 = 管理費用 + 低價值易耗品 + 上級分攤。

第二節
經營會計的四種內部定價方法

▍提示

本節內容需要深刻理解，結合不同產品和服務，思考用何種定價方案最適宜，並進行演練，為內部定價方案的形成做好準備。

內部定價有不同的種類，也有不同的定價方法。我們歸納了一下，常用的有四種（見表 4-2）。

表 4-2　經營會計的四種內部定價方法

定價方法	適用對象
成本推算法	成本較高並有硬性需求
利潤逆算法	利潤彈性不大，成本彈性較大
市場參照法	服務交易
開價殺價法	服務交易

一、成本推演算法

成本推演算法是指按照每道工序的成本來推算內部定價。這是以每道工序的產品單位成本為依據，再加上預期利潤來確定內部定價。

例如，A 阿米巴向 B 阿米巴購買塑膠產品，那 B 阿米巴就要計算：塑膠粒一噸多少錢，模具一套多少錢，一套模具能做多少個這種產品；然後塑膠射出成型機一臺多少錢，一臺成型機能用幾年，一年又能做多少個這種產品。廠房分攤折舊、直接的人工薪資、管理人員的薪資，所有成本加起來，計算出做一件塑膠產品的內部成本價是 10 元。另外，B 阿米巴

還要分攤總部的公共費用。

阿米巴內部成本加上分攤的公共費用，這是生產一件產品的成本。然後在保證20%利潤的前提下，才能進行交易。

成本推演算法適用於內部轉讓的產品或勞務沒有正常市價的情況。從它的最終價格向前倒推，來決定各道工序的價格。這個產品以這個價格賣給客戶，那麼，最終檢驗工序的價格是多少，精細加工工序價格是多少，一直推到原料部門的價格是多少。這樣來決定各道工序間的價格。

成本推演算法是阿米巴內部定價首先需要考量的方法。成本是阿米巴生產經營過程中所發生的實際耗費，客觀上要求透過商品的銷售得到補償，並且要獲得大於其支出的收入，超出的部分表現為企業利潤。

成本推演算法的優點是定價方式簡單，以現成的數據為基礎；在考量本阿米巴合理利潤的前提下，下一道工序的阿米巴需求量大時，價格會顯得更公道。在實踐中，阿米巴可以採用成本加成的方法（在服務成本的基礎上加一定的加成率）來定價。這種定價方法的缺點：一是不考慮市場價格及需求變動的關係；二是不考慮市場的競爭問題；三是不利於企業降低產品成本。

■ 操作

根據成本推演算法，進行阿米巴內部定價。

二、利潤逆演算法

利潤逆演算法即已經決定利潤的多少，其他定價根據各自需求自行解決。其優點是較關注市場、關注競爭對手。

第四章 阿米巴內部定價

一定的目標利潤需要一定的目標銷售額和目標成本來維繫。阿米巴組織以利潤目標為出發點，在科學的市場調查與預測的基礎上，透過市場調查、預測和同行業先進水準、本阿米巴最佳水準的比較，從而對阿米巴將來一定期間所獲得的利潤做出科學預算。以阿米巴經營目標、生產或進貨成本、費用、稅金、預期收益為依據，以追求經濟效益最大化、實現預期投資報酬率、擴大市場占有率、維持營業等為目標，確定合理的產品價格。

在確定目標利潤時，要以本阿米巴的歷史數據為基礎，根據對未來發展的預測，透過研究產品品種、結構、成本、產銷數量和價格幾個變數間的關係，及對利潤所產生的影響，結合市場經濟動態、企業的長遠發展規劃等相關資訊，在反覆研討論證的基礎上加以確定，以確保本期利潤的最佳化。

■ 操作

根據利潤逆演算法，進行阿米巴內部定價。

三、市場參照法

市面上多少錢，阿米巴就賣多少錢。

市場參照定價法，主要是以產品或勞務的市場供應價格作為計價基礎，若賣方願意對內銷售，且售價不高於市價時，買方有購買的義務，不得拒絕；若賣方售價高於市價，買方有改為向外部市場購入的自由；若賣方寧願對外部銷售，則應有不對內銷售的權利。由於降低銷售成本、沒有契約成本等，而在一定程度上減省了成本，應相應調整定價。

在完全競爭的市場條件下，參照市場價格，讓定價雙方心中有數，最

終按照市場的價格去定價。採用市場參照法可以解決各阿米巴之間可能產生的衝突，生產型阿米巴有權選擇其產品是內部轉移還是賣給外部市場，而採購型阿米巴也有權自主決定。

以市場為依據的內部定價，是以市場上的產品或有償服務價格作為內部價格，適用於能夠對外銷售產品及從市場上購買產品的較高層次的阿米巴。企業應在進行市場調查的基礎上，參照市場上的定價，盡量等於或小於該種產品或服務的平均市場價格。

市場參照法的特點是靈活、有效地運用價格差異，對平均成本相同的產品，價格隨市場需求的變化而變化，不與成本因素發生直接關係。

如果與市場價格偏離，將會使相關阿米巴的利潤下降。市場價格很客觀，能夠展現責任會計的基本要求，但市場價格容易波動，準確度與可靠性受影響，甚至有些產品無市場價格作為參考。市場價格作為內部交易價格有很大的限制。

操作

根據市場參照法，進行阿米巴內部定價。

四、開價殺價法

開價殺價法是指阿米巴之間本著公平、自願的原則，買賣雙方以正常的市場價格為基礎，定期共同協商，確定出一個雙方都願意接受的價格，作為計價的標準。

內部轉移價格中所包含的推銷和管理費用，一般會低於外部供應的市價。內部轉移的中間產品一般數量較大，故單位成本較低，售出單位大多擁有剩餘生產能力，因而議價略高於單位變動成本即可。

第四章　阿米巴內部定價

　　開價殺價法在各阿米巴獨立自主制定價格的基礎上，充分考量企業的整體利益和供需雙方的利益；同時，保留了阿米巴負責人的自主權，培養了阿米巴的經營人才。

　　這種方法若運用恰當，將會發揮很大的作用。但在實作中，由於存在品質、數量、商標、品牌，甚至市場的經濟水準的差異，因此很難與市場價格直接對比。

■ 評點

　　開價殺價法的優點就是效率很高，有利於企業整體利益最大化的實現。缺點主要有兩個方面：一是業績指標可能因阿米巴負責人的協商談判技巧而扭曲；二是面議時會花費相當多的時間和資源。

　　總之，阿米巴的內部定價不能拘泥於一種定價方式，要結合企業與各阿米巴組織的實際情況，採用多種定價方法互補的形式，才更能適應企業內外市場。

　　這就是四種內部定價的方法，各有利弊。比如成本推演算法，適合成本高、有必要性的阿米巴使用；利潤逆演算法適用於利潤的必要性較足，彈性不大，但成本的彈性較大的情況。市場參照法、開價殺價法適合服務交易。

第三節
從策略角度考量阿米巴內部定價

針對阿米巴經營會計的重點與困難點——內部定價，我們應該知道內部市場化是阿米巴經營的主要展現。制定阿米巴的內部價格，是阿米巴獲得業績和利潤的關鍵。因此，我們需要從策略角度考量阿米巴內部定價。

每一個阿米巴都是一個小的利潤中心，所有阿米巴都負有核算責任。每個阿米巴的領導人都必須負責本巴的定價，考察每一種產品的核算，在正確的經營理念指導下，實現利潤最大化。此外，內部定價還考驗每一位阿米巴領導人的經營智慧。

阿米巴內部定價是企業內阿米巴組織之間相互提供產品、半成品或勞務而引起的結算、轉帳所需要的一種計價標準。阿米巴的內部定價與公司經營策略、公司的內部控制和管理制度相關。阿米巴的內部定價不是「拍腦袋」定出來的，而是要結合歷史數據進行分析，並參考外部市場價格，制定出最合理的內部交易價格。

阿米巴內部定價的意義主要展現在：提升各阿米巴內部資源的有償使用意識；形成完整的交易價格體系；完善阿米巴有償服務品質標準；透過阿米巴內部定價，使阿米巴獲得直接經濟效益。

阿米巴要進行內部定價，就要企業內部市場化。企業內部多個阿米巴之間、利潤中心與成本中心之間，按照市場機制建立交易關係，確定相互之間提供的產品和服務，以及收費標準，確定違約責任和索賠機制。同時，引入外部市場價格，促使內部交易服務成本下降，如果內部服務成本無法降低，則還應尋求外部交易機會。

第四章　阿米巴內部定價

▌重點提示

阿米巴內部定價的意義主要展現在：提升各阿米巴內部資源的有償使用意識；形成完整的交易價格體系；完善阿米巴有償服務品質標準；透過阿米巴內部定價，使阿米巴獲得直接經濟效益。

第四節
內部交易定價六要素

一般而言，內部交易定價，主要有六要素（如圖 4-4 所示）：

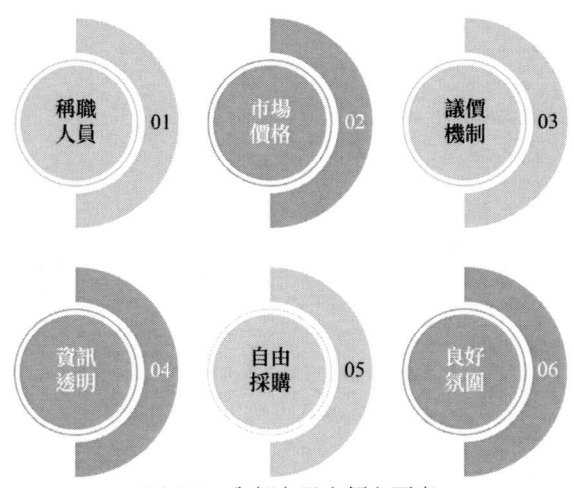

圖 4-4　內部交易定價六要素

① 稱職人員。在理想狀況下，管理者應該既關注本責任中心的長期業績，又關注短期業績。參與轉讓價格議定和仲裁的人員，也必須稱職。

② 市場價格。理想的轉讓價格，應該基於已形成的轉讓產品之同等產品的正常市場價格，即反映要確定轉讓價格的產品同等條件的市場價格。市場價格可以下調，以反映因內部銷售而產生的成本減省。

③ 議價機制。各個阿米巴經營團隊之間必須存在一個議定的「合約」協調機制。

④ 資訊透明。管理者必須了解可以獲得的替代方式，以及每種方式的相關成本和收入。

第四章　阿米巴內部定價

⑤ 自由採購。應該存在替代採購方式，管理者應該有權選擇最有利於自己的替代方式。採購經理應該有外購的自由，銷售經理也應該有外銷的自由。市場價格反映銷售方對內銷產品的機會成本，轉讓價格反映公司的機會成本。

⑥ 良好氛圍。管理者必須把損益表中所反映的獲利能力視為業績評價的重要指標和重大因素。他們應該認為轉移價格是公平與合理的。

第五節
界定阿米巴內部交易的結算標準

▍提示

本節內容是阿米巴內部交易的核心,需要深刻理解,反覆演練。

定價能力是保護利潤的關鍵。合理制定內部價格,能夠使各阿米巴利潤相對客觀、真實。

確定內部定價標準,需將阿米巴組織所涉及的定價專案全部列出,有遺漏的部分,還需及時增補並調整。

企業要建構起內部交易模型,在企業內部實現市場化運作。阿米巴內部交易的實作方式是:把下一道工序的阿米巴視為上一道工序阿米巴的客戶,各阿米巴之間以產品與有償服務的方式,按市場化運作方式進行交易。

阿米巴內部交易主要有兩種形式:產品定價和有償服務定價。一個是產品,看得見、摸得著;另一個是服務,看不見、摸不到。有償服務的定價方法看起來簡單,只有一種——以時間為單位核算。不管是制定產品的價格,還是制定有償服務的價格,一個很重要的關鍵詞,叫做單位時間,單位時間是核算內部價的基礎。

1. 界定阿米巴的產品內部交易結算標準

阿米巴經營是以市場價格為基礎,透過把市場價格引入阿米巴經營體系,根據內部交易價格,開展生產經營活動。

界定阿米巴的產品內部交易結算標準,我們必須確定以下幾點內容:

(1)定價為經營之本。

阿米巴領導人必須對蒐集來的資訊進行徹底的分析,在準確掌握市場價格和競爭對手動向的基礎上,正確認知本阿米巴產品的價值,然後進行價格評估。內部產品定價主要採取成本加成定價法:內部結算價格等於實際成本加上當期平均銷售利潤。

(2)所有工序都按照單位時間進行定價。

內部產品交易是企業內部各阿米巴之間物資、材料、產品、半成品、零元件的購銷活動。公司內部購銷的定價,是按照生產該產品各道工序的阿米巴的相同單位時間決定的,由於原本就是高附加價值產品,所以所有工序都是按照單位時間進行定價的。

(3)實施定價與降低成本的聯動。

對產品進行定價時,必須同時考量降低成本的方法,而且,生產型阿米巴需要進行成本削減,找到降低生產成本的方法。做到內部定價與降低成本的聯動,保障阿米巴的利潤和市場競爭力。

表 4-3 為企業內部各阿米巴間產品定價的演練。

表 4-3　產品定價演練

產品編號	產品名稱	最終交易成果界定	定價依據	單價

2. 界定阿米巴的有償服務結算標準

有償服務是指各阿米巴之間加工、運輸及服務的活動。

公司按照「細化專案、確定標準、合約承包、有償服務、嚴格結算」的原則,界定阿米巴的有償服務結算標準。

第五節　界定阿米巴內部交易的結算標準

(1) 影響阿米巴有償服務定價的因素。

影響有償服務定價的因素主要有三個,即成本、需求和競爭(如圖4-5所示)。

圖 4-5　影響有償服務定價的三個因素

管理型阿米巴必須理解有償服務的成本是隨時間和需求的變化而變化的。成本決定有償服務價格的最低界限,如果價格低於成本,阿米巴組織便無利可圖;市場需求決定有償服務價格的上限;市場競爭狀況直接影響阿米巴有償服務定價策略的制定。在有償服務差異性較小、市場競爭激烈的情況下,制定的服務價格也相應降低。

(2) 阿米巴有償服務的定價方法。

　　A. 成本推演算法。這是指阿米巴組織依據其提供服務的成本,決定服務的價格。這種方法的優點:一是簡單明瞭;二是在考量阿米巴合理利潤前提下,當客戶需求量大時,能使提供服務的阿米巴,維持在一個適當的獲利水準,並降低客戶的購買費用,其具體的方法是利潤導向定價法。

　　B. 競爭導向定價法。這是以競爭者各方面的實力對比和競爭者的價格,作為定價的主要依據,以競爭環境中的生存和發展為目標的定價方法。

3. 阿米巴有償服務結算程序

有償服務結算程序是：

① 供銷雙方簽訂有償服務合約；
② 勞務方依據協議提供服務，並開具結算單；
③ 勞務方開具發票結算；
④ 接受勞務方履約付款。

表 4-4 為企業內部各阿米巴間有償服務定價的演練。

表 4-4　有償服務定價演練

產品編號	服務名稱及提供部門	最終交易成果界定	定價依據	單價

第六節
阿米巴內部定價之生產定價

▍提示

　　本節內容是阿米巴經營會計的核心內容，需要深刻理解，反覆演練。

　　在推行阿米巴的過程中，直接與市場對接的銷售阿米巴組織的定價，一般採用市場參照法。生產模組的定價則相對複雜。

　　生產模組在員工自主經營中，處於核心位置。在制定成本目標時，一般的做法是採用標準成本核演算法，以標準成本與實際成本比較，核算和分析成本差異，從而加強成本控制。但是，當下的市場瞬息萬變，價格的變化隨顧客的需求和廠商供給量而波動，一旦開始「價格戰」，一成不變的標準成本就無法適應市場的靈敏性，最終導致企業連成本也無法收回。這樣的核算方法，在激烈的市場競爭條件下，可能會誤導經營者，所以生產定價必須由成本推演算法向市場參照法轉變。

　　以「市場決定價格」的市場參照定價法作為基本準則，貫徹成本管理的始終。在此可採取價格還原成本法，即算出一個適於該產品的成本率（或是期望的目標利潤率），然後乘以產品的售價作為成本，即內部交易價。

　　用這樣的成本計算方法，成本隨著市場價格而變，使經營團隊中的每位員工都保持一定的危機感。在對經營團隊進行獨立核算的前提下，為了保證獲利，員工便會想方設法地不斷降低成本，減少費用，提高生產效率。

　　在各生產模組之間存在著上、下工段或流程的關係。為了進行準確核

算，防止工段之間生產總值結算不清，需要對每一個生產模組的原料採購和產品銷售進行獨立核算。需要確定的是，作為獨立的生產模組，其市場原料的採購，不僅能在內部進行，還能在全面分析原材料價格和品質的基礎上，在公司外部採購。同樣地，產品的銷售也可以在內部和外部進行。這樣可以加強競爭意識，培養經營人才。

在外部進行的銷售和採購容易結算，關鍵是如何進行內部採購與銷售的結算（如圖4-6所示）。

工段1 ➡ 工段2 ➡ 工段3 ➡ 銷售

圖4-6　簡化的內部工段

從簡化的內部工段來看，工段2的生產模組需要向工段1採購，並把產品賣給工段3。在採購生產原料的時候，工段2的生產模組便成為一個「採購團隊」，可以與工段1協商價格，工段1在保證獲利的情況下，確定賣出的價格。工段2買入原料之後進行生產，將生產出來的產品賣給工段3。這個時候，工段2的生產模組便成為「銷售團隊」，在保證獲利的情況下，以一個雙方協商的價格賣給工段3。在這樣的關係和計算模式下，每一個模組的收入和成本情況便能獨立核算、一目了然。

一、定價步驟

各工段之間的交易，如果有市場價格作參考，就盡可能用市場價定價；若無市場價作參考，則按以下步驟計算各工段的交易價格。

① 可先估算各工段的每個品種的實際成本，詳見以下各工段成本計算。

② 再根據每個品種的實際成本占總成本的比例，乘以內部交易價，得出各工段每個品種的價格增加值。
③ 把價格增加值與前面所有工段的價格增加值相加，等於本工段各品種的賣出價，即內部交易價。

各工段成本計算，按以下步驟進行：

  A. 確定交易品種（列表），製作相關表格。
  B. 確定交易品種單位工時，製作表格和蒐集數據。
  C. 統計總費用＝料＋工＋費＋分攤費用、產數量、物料投放量。
  D. 按工藝順序逐一計算各品種成本價。

透過以上各工段的定價，可以將市場價傳導到生產領域的每個工段，使生產部門的員工能以市場為導向，增加經營意識，成為真正的經營者。

在確定生產工段的定價時，我們用歷史數據作為定價依據。這裡的歷史數據包括財務數據和工時數據、BOM 數據。在阿米巴經營會計中，歷史數據的蒐集與分析非常重要。企業只要開展經營，就必須使經營數據成為反映經營實際狀況的唯一真實資料。所有的定價也會把歷史數據作為一個最重要的計算依據。

二、實踐操作：阿米巴產品定價規則

第一條銷售定價

銷售的產品定價以目前公司對外銷售定價為準。銷售的一級、二級、三級巴，統一按此標準執行。

第四章　阿米巴內部定價

■ 第二條工廠定價

工廠產品定價準則：成本定價。

工廠產品定價原理：

1. 原理

單價＝採購價＋本巴單一商品種類加工價；本巴單一商品種類加工價＝單一商品種類總費用 ÷ 單一商品種類數量；總費用＝料＋工＋費＋分攤費用。

2. 計算方法

(1) 計算單一商品種類的總費用。

  A. 按《費用分攤規則》的要求，將所有費用分到生產三級巴，得出三級巴總費用。根據總費用公式，總費用項中能對應到單一商品種類中的料、工、費進行一一對應；不能對應的部分物料，按下面②中所列方法進行分攤，工、費和分攤，按③中的方法進行分攤。

  B. 物料（包括原料、輔助用料、包材）按品種標準配方投料點金額和投料量進行分攤。

  C. 三級巴內總費用不能對應部分的工、費和分攤，按每個單一商品種類在巴內總工時所占比例進行分攤。

(2) 單一商品種類數量以交給下一個阿米巴合格產品的數量為準，單位以交易的最小單位為準。

(3) 計算本巴單一商品種類加工價：單價＝單一商品種類總費用 ÷ 單一商品種類數量。

(4)計算單一商品種類交易價：單價＝採購價＋本巴單一商品種類加工價。

3. 操作步驟

(1)進行工廠分品種、分工序、工時統計，根據統計數據，分析各品種、工時在各阿米巴總工時的占比。

(2)將統計的阿米巴總費用一一對應和分攤到各品種，得出各品種總費用，即單一商品種類總費用。

(3)用單一商品種類總費用，除以統計匯總的對應單一商品種類的數量，即可得出本巴單一商品種類加工費。

(4)將本巴單一商品種類加工費加上單一商品種類採購費用，即可確定本巴單一商品種類的交易價格。

第三條形成定價表

按以上規則進行數據統計和計算，最終形成「交易價格目錄表」。

第四條蒐集原始數據

財務部門需要蒐集原始會計數據。

第五條定價計算

參考如下表格：

交易品種單位工時確定表；

交易品種工時確定表；

交易品種料和可對應到交易品種的其他費用金額確定表；

第四章　阿米巴內部定價

交易品種分攤費用按工序分攤表；

交易價格目錄表。

阿米巴內部定價標準，參考表4-5。

表4-5　工程中心收費標準

單位：　元

部門	設備的統籌管理	設備維修	設備保養	工治具管理	工治具設計	工治具電氣設計	設備儀器管理	自動化規劃導入	布局規劃工程	定額及系統標準化控制	中心辦公室	匯總
第一事業部	0.17	0.43	0.71	0.29	0.29	0.14	0.08	1.00	0.14	0.43	0.17	3.85
第二事業部	0.17	0.43	0.71	0.29	0.29	0.14	0.08	1.00	0.14	0.43	0.17	3.85
第三事業部	0.17	0.43	0.71	0.29	0.29	0.14	0.08	1.00	0.14	0.43	0.17	3.85
第四事業部	0.17	0.43	0.71	0.29	0.29	0.14	0.08	1.00	0.14	0.43	0.17	3.85
第五事業部	0.17	0.43	0.71	0.29	0.29	0.14	0.08	1.00	0.14	0.43	0.17	3.85
分公司	0.17	0.43	0.71	0.29	0.29	0.14	0.08	1.00	0.14	0.43	0.17	3.85

第五章
阿米巴內部交易規則

　　俗話說:「無規矩不成方圓」,阿米巴經營模式的一個重要理念,就是將傳統經營管理中各部門間對工作的「交付關係」,改變為「交易關係」。

　　阿米巴內部交易,指產品某個環節的阿米巴,從前一環節阿米巴購買半成品,進行加工,然後賣給下一個環節的阿米巴。阿米巴之間的產品流動,不是基於成本價的單純交付,而是按照雙方協商決定的內部價格進行交易,即內部銷售和內部採購。

　　在工作由「交付」變成「交易」的前提下,企業劃分成若干個阿米巴組織之後,建立各阿米巴組織之間的交易規則,便成了一個重要任務。

第五章　阿米巴內部交易規則

▌本章目標

① 理解：阿米巴內部交易機制的關鍵點。
② 理解：阿米巴內部交易的邏輯。
③ 操作：阿米巴內部交易體系建構。
④ 了解：阿米巴之間如何進行內部交易。
⑤ 了解：內部交易協調管控機制。

▌形成成果

① 確定內部交易關係表。
② 阿米巴內部交易的報表呈現。

第一節
內部交易的常見衝突

在阿米巴內部交易的過程中,常見如下衝突情境。

提供方:訂單又被客戶罰錢了,損失由業務部負責。

銷售方:你們的品質不良,應由你們負責。

解決阿米巴內部衝突問題,就要制定阿米巴之間的交易規則,比如定價、品質驗收標準、交貨期限標準、違約責任等。

如何界定內部交易規則?確定內部交易規則,主要從組織機制、基本原則、定價規則、交易規則等方面著手。

阿米巴之間交易糾紛如何申訴處理?各阿米巴經營團隊間出現交易糾紛,雙方應本著「利他雙贏」原則來協商處理,在弄清楚責任的前提下,各自多做自我批評,達成共識;重大交易糾紛可向經營管理委員會提出申訴,經營管理委員會接到申訴後,委託專人進行調查研究,在充分聽取當事雙方意見基礎上作出裁決。

> 思考:如何解決阿米巴內部交易的衝突?

第五章 阿米巴內部交易規則

第二節
內部交易機制的關鍵點

阿米巴內部交易機制的關鍵點，主要有內部交易的界定、內部交易的定價與規則，和內部交易的報表呈現（如圖 5-1 所示）。

內部交易的界定 → 內部交易的定價與規則 → 內部交易的報表呈現

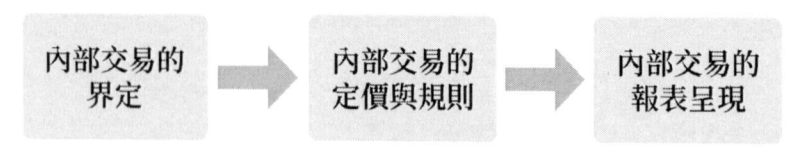

圖 5-1　內部交易機制的關鍵點

一、內部交易的界定

內部交易的界定，主要是確定提供方和需求方、交易標的、交易類型和定價方法等。

▌成果 6 確定內部交易關係表

提供方	需求方	交易標的	交易類型	定價方法	計算過程	交易價格

阿米巴交易關係界定的具體操作，可以參考表 5-1。

表 5-1　阿米巴交易關係界定

賣方 (提供方)	買方 (需求方)	交易標的	交易類型	定價規則	交易規則	交易價格
供應鏈中心		進貨、出貨、退貨服務	阿米巴產品交易			
營運中心		事務調配	阿米巴產品交易			
人力資源中心		人員招聘服務	阿米巴產品交易			
品管中心		維護、評價	阿米巴產品交易			
財務中心		盈虧核算	阿米巴產品交易			
總經理辦公室		壓低價格成本	阿米巴產品交易			

二、阿米巴內部交易規則

阿米巴內部交易規則，主要展現交易雙方的契約精神，交易雙方要對交易的時效性、數量、品質、價格、服務進行約定。

1. 經營團隊交易基準價格

各阿米巴團隊間產品的交易，在「基準價格」基礎上，根據產品品質、規格調整後的價格進行結轉。各阿米巴團隊產品的內部交易基準價，由公司企劃部制定、釋出；阿米巴團隊的產品，按照成本加成法制定基準交易價，各環節利潤貢獻度，由公司管理階層協商決定。

第五章 阿米巴內部交易規則

2. 阿米巴的交易規則

(1) 品名、數量、單價表示清楚。

(2) 日期、驗收標準需要確定。

(3) 損失界定、賠償界定。

阿米巴之間一定要界定清楚交易規則，否則很難形成真正的交易。

三、阿米巴內部交易權責如何界定

阿米巴內部交易定價與交易規則，往往同時存在。

阿米巴劃分後，要確實界定各阿米巴的權責。在確定阿米巴權責後，對該阿米巴的主要職責、具體工作內容、完成經營活動所需要的職權、與其他阿米巴之間的工作關係和工作條件等內容，進行精確的描述。

四、阿米巴內部交易規則落實工具

阿米巴內部交易規則落實工具，主要是內部交易的報表呈現。

▍成果 7 阿米巴內部交易的報表呈現

內部交易事項（產品／服務）	交易對象	雙方責任約定	違約約定		
			影響因素	評判標準	補償規則
	需求方	時效性			
		數量			
		品質			
		成本（價格）			
		服務			
	提供方	時效性			
		數量			
		品質			
		成本（價格）			
		服務			

第五章　阿米巴內部交易規則

第三節
內部交易邏輯

阿米巴內部交易最大的改變，就是指標金額化。有的人會對數字不敏感，但極少有人對金額不敏感（如圖 5-2 所示）。

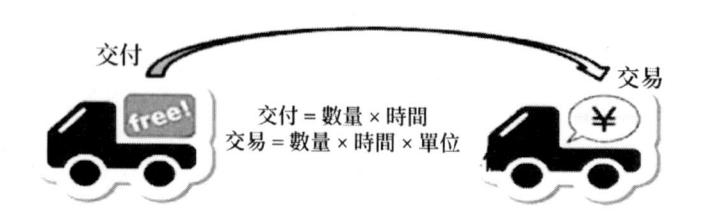

交付
交易
交付 = 數量 × 時間
交易 = 數量 × 時間 × 單位

圖 5-2　內部交易邏輯

一、阿米巴內部交易類型

阿米巴內部交易主要有以產品為標的交易和以服務為標的交易。除此之外，還有幾種特殊的交易類型，例如勞務交易。具體見表 5-2。

表 5-2　阿米巴內部交易類型

交易類型	
購銷	買賣
外發加工	成品
	半成品
	部分工序
佣金	資訊共享
	佣金
服務	人員借調
	其他服務

1. 以產品為標的交易

以產品為標的交易主要採用內部轉移（成品、半成品實物轉移）價格進行結算，業務鏈上、下環節之間，按市場交易的買賣關係進行交易。

2. 以服務為標的交易

以服務為標的的交易，透過為各阿米巴團隊提供服務，以收取服務費用（或分攤其部門費用）的方式進行交易。

3. 各阿米巴團隊勞務交易

除了以上兩種交易類型，各阿米巴團隊如果臨時出現勞力不足現象，可向上級領導者提出勞務調配申請，上級領導者與勞務富裕團隊協調，輸出勞務服務。如上級領導者無法在管轄範圍內進行勞務調配，可向再上一級領導者申請，在更大範圍內協商勞務調配。

在勞務調配開始實施後，勞務需求方若需變更用工時間，應提前與勞務輸出方進行溝通，徵得同意後，方得延長或縮短用工時間。

在勞務需求方未提出特殊職位技能要求的情況下，勞務需求方按本團隊員工現行平均薪資標準，向勞務輸出方支付費用。

如勞務需求方對需求的勞務有特定職位、技能要求，可按本團隊該職位現行薪資標準，向勞務輸出方支付費用。

勞務調配完成後，由供需雙方負責人在「勞務調配結算單」上簽字，按月劃撥交易費用。

勞務輸出方收取的費用，應記入本團隊經營會計報表的支出科目「人工費」專案，但要記為負支出，以沖抵人工費支出；勞務購買方支付的相應費用，應記入本團隊經營會計報表的支出科目「人工費」專案。

二、阿米巴經營團隊交易節點

第一，阿米巴經營團隊日交易節點。各阿米巴團隊間日交易，以上下工序直接交接或入庫作為交易節點；日交易必須有確認手續。

第二，阿米巴經營團隊月交易節點。阿米巴團隊間原材料、零配件及半成品的內部交易，以下道工序從倉庫領取——「出庫」，或上、下道工序直接交接作為交易節點，完成交易之前，責任在上道工序。對外銷售的產品，以生產團隊「入庫」作為交易節點，產品入庫後，責任轉移到業務部門。所有物料超出規定庫存週期產生的財務費用，由責任經營團隊承擔。每次交易必須由雙方共同簽字，有明確的交接手續，方能生效。

三、內部交易的實際操作

1. 如何建立內部交易

(1) 確定內部交易的對象；

(2) 確定內部交易的內容、類型、定價方法和定價；

(3) 填入模擬的數據，要符合邏輯。

2. 內部交易關係表

不同部門內部交易關係表，見表 5-3～表 5-5。

第三節　內部交易邏輯

表 5-3　業務部內部交易關係表

提供方	需求方	交易標的	交易類型	定價方法	計算過程	交易價格（元）
採購巴	銷售巴	筆袋	購銷	利潤逆算法	客人目標價格6元-利潤20%（1.2元）	
設計巴	銷售巴	設計稿	佣金	市場參考法	單款確認後300元／款	
財務單證巴	銷售巴	服務	服務交易	開價殺價法	每票200元	

表 5-4　採購部內部交易關係表

提供方	需求方	交易標的	交易類型	定價方法	計算過程	交易價格（元）	舉例
採購	業務	產品	購銷	成本推算法	外購成本＋薪資成本＋管理成本2%＋利潤5%		如鉛筆盒，購進成本2元，加人工薪資成本1.3%，加管理成本2%，加利潤5%
採購	業務	產品	購銷	利潤逆算法	目標價格-薪資成本-管理成本2%-利潤5%		如鉛筆盒，業務目標2元，減人工薪資成本1.3%，減管理成本2%，減利潤5%

第五章　阿米巴內部交易規則

提供方	需求方	交易標的	交易類型	定價方法	計算過程	交易價格（元）	舉例
工廠	採購	產品	購銷	成本推算法、市場參照法	目標價格-薪資成本-管理成本2%-利潤5%	小於1.84	如鉛筆盒，業務目標2元或報業務價格為2元，減人工薪資成本1.3%，減管理成本2%，減利潤5%
開發	採購	設計服務	服務	市場參照法	參考市場價格設計單價×80%		假設市場做一個產品設計需要200元

表5-5　設計部內部交易關係表

提供方	需求方	交易標的	交易類型	定價方法	計算過程	交易價格（元）
設計部	業務部	產品單一商品種類設計（有明確需求）	購銷	成本推算法	設計師月薪／25天／8h×設計時長	依照設計師類型
設計部	業務部	產品系列開發	服務	市場參照法	以市場價格的80%結算	

第三節　內部交易邏輯

提供方	需求方	交易標的	交易類型	定價方法	計算過程	交易價格（元）
設計部	業務部	產品系列開發	購銷	成本推算法	方案設計費25%＋初步設計費40%＋主體協調費10%＋製版圖輸出20%＋樣品核對5%	依照難易程度進行推算
設計部	業務部	產品宣傳製作	服務	市場參照法	以市場價格80%的結算	

第五章 阿米巴內部交易規則

第四節
引入競爭

在阿米巴之間實現了從交付到交易，顯示企業經營已經有非常大的進步，但如果進步是有限的，怎麼辦？此時，則要適當地引入競爭。

引入的競爭，主要有內部競爭和外部競爭。

一、內部競爭機制

① 經常參考外部價格和服務的方式，並要求對方去超越。
② 盡可能製造「兩個以上的供應方和銷售方」。

二、外部競爭機制

① 你可以不買，我也可以不賣給你。
② 逐漸開放對外銷售，每年遞增 20% 銷售額。
③ 每個阿米巴不必完全依賴另一個阿米巴生存。

引入外部競爭的最終目標，就是讓每一個阿米巴都能夠不依賴另一個阿米巴而生存。當然這是很理想的狀態，要真能做到，那這個企業一定是很強大的。

阿米巴之間相互依賴，相互依靠，這是很好的狀態。

你不賣給我無所謂，我已經習慣採購別人的，你只不過是我若干個供應商裡的一個。

第四節　引入競爭

有了競爭的制約，各阿米巴之間的交易，就會維持一個良性的狀態。

當然，阿米巴之間的交易需要合理統籌，要符合且能執行公司策略。如果弄成一盤散沙，那就不是阿米巴了。

▎**重點提示**

引入適當競爭，確保成本降低！

第五章　阿米巴內部交易規則

第五節
阿米巴內部交易體系建構

　　阿米巴經營會計是一套直接以促進經營提升為目的的會計系統，是阿米巴經營的落實工具。在「內部市場化」的運作環境下，研發、銷售、生產、運輸等各個部門，都是獲利團隊。如圖 5-3 所示：

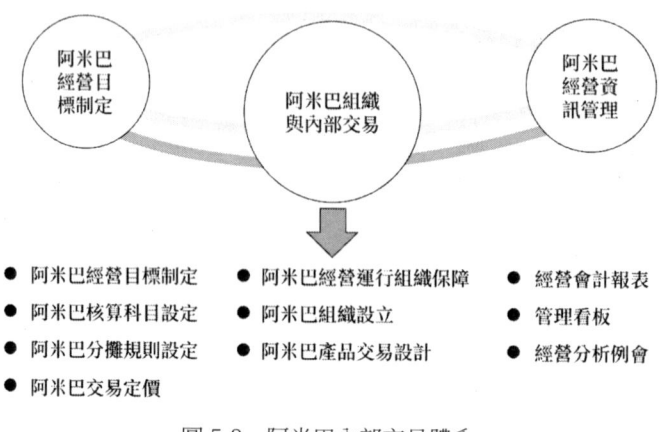

- 阿米巴經營目標制定
- 阿米巴核算科目設定
- 阿米巴分攤規則設定
- 阿米巴交易定價
- 阿米巴經營運行組織保障
- 阿米巴組織設立
- 阿米巴產品交易設計
- 經營會計報表
- 管理看板
- 經營分析例會

圖 5-3　阿米巴內部交易體系

一、內部交易的基礎與前提

　　阿米巴之間無法進行單獨經營，只有和其他阿米巴結合，在更大的整體中互相支援，共存共榮，才能實現真正的阿米巴經營。各阿米巴之間的內部交易，以市場價格為基礎，每個節點的定價，由雙方透過「談判」達成，從而被各阿米巴接受、認可。

　　(1)阿米巴交易是以經營會計為基礎。

　　(2)阿米巴團隊的任何決策，都要與企業的經營理念、經營方針一致。

二、產品（服務）說明書

產品（服務）說明書為阿米巴交易的契約式文件，為阿米巴團隊提供產品、功能、品質、定價的詳細說明。產品說明書包括如下幾個部分，見表 5-6：

表 5-6　產品（服務）說明書

產品名稱	供方	需求方	規格與功能	價格及定價原則	服務承諾	使用規程	結算時點

三、交易的標的（產品）、規格與功能

用於阿米巴交換關係的標的，通常為產品、服務、契約（合約）。

① 以產品為標的交易：採用內部轉移價格進行內部結算，建立類似於市場交易的買賣關係。常見的如產品生產過程中上下道工序（兩個製造巴）的買賣關係、產品銷售過程中（製造巴與銷售巴）的買賣關係。該類交易通常伴隨實物轉移。

② 以服務為標的交易：透過提供服務，以收取服務費作為收入度量的關係類型。多見於職能巴，如人事外包服務、資訊設備維護服務。該類交易通常不發生實物轉移。

③ 以契約為標的交易：為滿足使用者需求，交易雙方簽訂契約，並以此契約條款的達成為交易的依據。常見於研發巴或職能巴，典型的交

易，如產品開發設計、訂製化服務。例如研發巴接受使用者委託，開展某種專案的研發設計。

四、價格與定價原則

「定價即經營」，阿米巴交易中關鍵的一環即如何定價。交易定價應遵循以下原則：

① 實現共同目標的原則。整體考量全域性利益和阿米巴組織區域性利益，並使之協調一致。將企業下達的各項指標，如品質、消耗、產量、人員和費用等，全部納入內部定價的衡量過程中，以便制定內部收購價時，按照各阿米巴的經營目標，有效分解成本。

② 雙方自願接受原則。阿米巴交易價格的制定過程，要讓各阿米巴巴長和成員參與其中，詳細、深入地說明內部價格制定的方法，促進員工對內部價格體系的認可和接納。

③ 服務業務發展原則。阿米巴組織的業務活動，有直接面向市場的，有主要面向生產的，有只面向管理的。不同形態，阿米巴也有相應的分工。當一項結算關係涉及不同性質的部門時，一定要優先向市場傾斜，把支援業務發展放在第一位。

④ 公平合理原則。不能使某些阿米巴因內部交易價格規則上的缺陷而獲得額外的收益，以致不能正確考評各阿米巴的業績。

⑤ 科學性原則。內部定價必須在較大程度上反映產品和服務的實際消耗水準，企業內部交易價格應對各阿米巴的成本費用開支狀況進行預計和分析。

重點提示

阿米巴在制定內部交易價格時，需要充分考量市場價格的波動，根據市場變化，做出動態調整。

五、服務承諾

以內部定價和結算為契機，推動各阿米巴組織共同協商。

根據業務發展的市場需求和阿米巴組織真正的服務能力，完善、確立阿米巴有償服務的品質標準。

六、結算時點

結算時點指阿米巴之間費用結算與產品交付的時間節點，通常包括預付、階段收費、後付三種方式，也有可能出現週期總結算或返還。

第五章　阿米巴內部交易規則

第六節
阿米巴獨立核算體系建構

阿米巴獨立核算的三個關鍵內容：①收入的掌握方法——與市場價格掛鉤；②經費開支的掌握方法——掌握經營現狀，精細化管理；③單位時間的掌握方法——與市場價格掛鉤。

一、核算矩陣表建構

① 兩個原則：銷售額最大化，費用最小化。
② 單位時間核算表主要包括兩個部分：專案（科目）和金額。專案（科目）主要包括銷售額（外部銷售和內部購銷）、費用、時間、單位時間核算；金額主要用來表示目標與成果。
③ 規範核算管理的指標格式。在阿米巴經營中，收支指標和數據的格式很重要，在經營上需要的收支專案，必須按照誰都能理解的格式表示出來。

二、收入核算標準建構

① 對外收入與內部收入：對外收入按部門分收入專案進行會計核算，財務會計與管理會計同時處理帳務，要求定期對帳，帳帳要相符，統計定期在財務部門管理會計取數。內部收入按部門分內部結算專案進行會計核算，相對於提供服務、產品方做收入核算，相對於接受勞務、產品方做支付核算，即「內部交易支出」核算，由管理會計建立明細帳，定期與統計對帳，帳帳要相符。

② 收入計量：所有收入活動必須透過正式表單展現出來，收入用「金額」表示，計量單位為「元」。收入確認涉及數量的，要在交易憑證上同時記載數量與金額。

三、費用核算標準建構

（1）費用責任與主體的對應：費用按照「誰受益、誰承擔」的原則，企業所有費用按部門進行歸納。按照費用性質，分為阿米巴費用、部門費用和公司費用等；按費用消耗管道，分為支現費用、內部交易支出費用、分攤費用等。結果透過內部交易結算單展現出來。

非管控職能「能下放就下放，能抽離就抽離」。總部相關業務或業務支援職能，如採購供應、技術工藝、倉儲管理等，盡量「下放」到各經營型阿米巴，以保障各經營型阿米巴主營業務的高效能開展、對外部市場的快速反應。相關服務職能／部門，如會計核算、人事事務、行政後勤、物流運輸等，「抽離」出來，以服務型阿米巴的形式運作，以控制企業服務費用成本，抑制職能部門的官僚作風。同時，對各經營型阿米巴實行有償服務、交易收費，達到透過共享服務實現資源的集中利用、成本的有效降低之目的。

評點

當集中的採購供應、生產製造等職能未對外經營時，亦可考慮將其定位為服務型阿米巴來運作。

（2）費用分攤：包括辦公場地、人工費用、辦公用品設施、事業部費用分攤、公司費用分攤……阿米巴經營的模式，決定了間接部門作為一個成本中心而沒有收益，因此間接部門所發生的公共經費，應全部轉嫁到直接部門。這時經費按照生產金額、出貨金額、人數比例、使用面積、收益頻率等，公平地進行分攤。

四、時間核算表建構

阿米巴工時計算公式：總時間＝正常工作時間＋加班工作時間＋部門公共時間＋間接工作時間。

① 正常工作時間：指阿米巴開展生產經營活動過程中，在規定作息時間內，直接耗用在製造或服務對象上的有效工作時間。

② 加班工作時間：指阿米巴開展生產經營活動過程中，在規定作息時間外，直接耗用在製造或服務對象上的有效工作時間。

③ 部門公共時間：阿米巴開展生產經營活動過程中，沒有直接耗用在製造或服務對象上的有效工作時間，如會議時間、集體活動時間、待工時間、搬運時間等。

④ 間接工作時間：公司經營管理或其他職能部門的工作時間，按規定分攤給各阿米巴的工作時間。

第六節　阿米巴獨立核算體系建構

五、確立阿米巴內部交易流程、關係

1. 整理阿米巴內部交易流程

圖 5-4 為某塑膠企業阿米巴內部交易流程的示意圖。

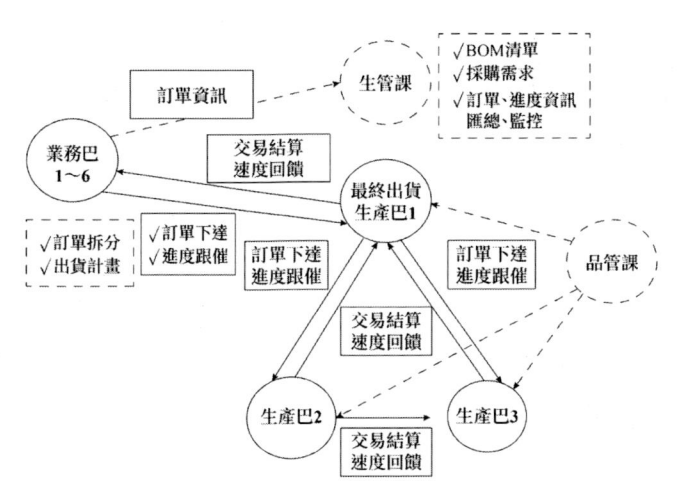

圖 5-4　某塑膠企業阿米巴內部交易流程示意圖

說明：相關生產巴作為「最終出貨生產巴1」（多個），接受業務巴1～6的市場訂單（換言之，業務巴1～6將訂單分拆，下達給相關最終出貨生產巴），完成後，與其進行交易結算；相應地，各生產巴下達內部生產訂單給生產巴2，完成後，與其進行交易結算；然後生產巴2下達內部生產訂單給生產巴3，完成後，與其進行交易結算（部分產品最終出貨，生產巴亦會直接下達訂單給生產巴3）。

2. 整理阿米巴內部交易關係

以某塑膠企業發泡巴為例，其經營收入與支出、內部客戶與供方、相應的交易關係（不限於產品買賣交易關係）及收入與支出計算關係，見表5-7：

第五章　阿米巴內部交易規則

表 5-7　某塑膠企業發泡巴內部交易關係

經營收入	內部客戶	交易關係	計算公式
鞋材、經濟／耐用型抗疲勞墊／運動墊	市場 1 巴	產品買賣	Σ（數量 × 產品內容移撥價）
經濟／耐用型抗疲勞墊／運動墊	加工巴	產品買賣	Σ（數量 × 產品內容移撥價）
原料購入	造粒巴	產品買賣	Σ（數量 × 產品內容移撥價）
新品開發	技術開發巴	契約委託	Σ（數量 × 委託契約價）
人事外包服務	人力資源部	服務提供	Σ（數量 × 服務單價）

第七節
內部交易協調管控機制

　　阿米巴經營需要進行制度化管理。阿米巴團隊要根據市場情況不斷調整自己，其誕生、分離、合併、撤銷的行為較為頻繁，因而，一套控制阿米巴團隊內部交易的協調管控機制必不可少。

　　我們透過一個案例，來說明這個問題。

　　一家製造型企業新成立的物流阿米巴被賦予三大定位、四個目標。

　　三大定位：一是在總部管理框架下，實施全收入全成本核算，賦予相應的責、權、利，提高物流阿米巴獲利能力和資源使用效率，使物流阿米巴成為利潤中心；二是透過物流阿米巴平臺，進行公司物流資源的集中管理，統一產品、服務標準和品質管制體系，提升專業管理能力和服務能力，使之成為專業管理中心；三是透過完善內部交易機制，提高物流板塊對內、對外的市場化經營和管理水準，成為市場運作中心。

　　四個目標：提升資源配置的責任意識，提升效益，降低成本，改善效率；依據實際業務特點，統一服務標準和服務流程，推動專業化管理；建立內部交易機制，提高面向客戶的市場化經營和服務意識；賦予責、權、利，激發內生動力，增加管理團隊和員工隊伍的活力。

　　目標確定以後，該企業立即確定內部交易原則和協調管控機制，有五項原則，確立了基於物流阿米巴的公司協調與管控機制，釐清物流阿米巴與總部的 8 個職責介面，完善 6 個執行相關的保障機制。透過科學的機制設計，有效推動和保障阿米巴經營的推行。

第五章　阿米巴內部交易規則

■ 案例

　　H 公司成立於 2009 年，是一家從事馬賽克銷售的電商公司。經過 5 年的發展，公司已經在各電商平臺上建立了四家相應的網路商店。在五年的發展中，公司一直在細分行業的電商中居於前茅，2009 年曾經是某平臺上馬賽克銷售冠軍。

　　公司 CEO 有深厚的行業經驗，有很強的經營和管理意識，並且不斷想辦法提升公司的管理和經營水準。

一、關鍵問題

① 公司很多職位沒有確立職責，工作流程不夠清楚，沒有任何關於許可權的制度和文件。
② 公司財務只有 1 人，雖然統計了各部門的費用，但只是零星的數據，沒有對財務數據進行相應的分析。
③ 公司員工非常年輕，平均年齡 23～25 歲。員工都很有個性，且不願意受約束。
④ 老闆很年輕，很想把公司管理納入正規化的軌道，但因為個人的管理和經營經驗及學歷等限制，有點力不從心。
⑤ 公司變化很快。人員的職位變化快，產品變化快。

二、原因分析

1. 公司管理基礎薄弱

　　也許是網路電商公司的通病，在電商快速發展時，公司忙於尋找發展的機會，無暇顧及管理，也沒時間去做。因而管理方面沒有條理性，浪費了不少人力和物力。

2. 公司規模不是很大

雖然在細分領域中做到了 No.1，但年營業額只有 1.2 億元，在管理方面沒有投入任何人力和精力。

3. 公司無策略體系

發展過程中，老闆忙於賺錢，對產品沒有太多的研究，也沒有對市場進行分析和規劃。供應商管理全憑關係維持，因而品質問題層出不窮，退貨率居高不下，公司利潤因此減少。

4. 員工沒有責任感

公司多是年輕員工，沒有情感的連結，也沒有激勵的方法，造成員工各自為政，沒有責任感，只看見自己手頭的事情，不管其他部門或個人做得怎麼樣，當然也沒有經營意識。

三、解決方案

1. 診斷、調查

對包括總經理、店長和員工在內的 25 人進行了調查和訪談，充分了解公司的現狀和歷史，並根據閱讀數據及蒐集資訊的情況，將公司的問題挖掘出來。

2. 組建阿米巴專案組織及計畫

成立阿米巴專案推進委員會，確立委員會成員及職責分工；制定阿米巴專案詳細的推進計畫和實施綱要，為後面的專案推進打好基礎。

四、阿米巴組織劃分

該公司是以網路商店的形式運作。在阿米巴經營模式匯入前，組織是以店鋪為單位進行設計的。一個店鋪包括銷售、營運、設計、推廣、文案、客服等職能。且也設計了相應的職位，來承接這些職能。故在每個店鋪中，有好幾個下轄的部門，且設計了不少職位。而每個店鋪的職位，可能都是同類或同性質的，不可避免地造成了職位的重複設定。

經過對組織的分析，將組織結構重新進行設計，並且建立了各級阿米巴組織。

劃分阿米巴組織：根據產品、職能角度，劃分阿米巴組織。對阿米巴組織進行資源劃分，包括人員、場地（以前場地也有劃分過，但有很多不合理的地方，後來按占用面積比例分攤公共場地）、設備、辦公用品等。

確定各阿米巴巴長：因巴長人員不足，故有些團隊暫時不考慮成巴，如採購和儲運阿米巴合併在一起。因公司規模較小，因而人資和財務也以阿米巴的形式存在，做了相應的預算，以工作任務衡量其業績，並在預算範圍內開展工作。

五、阿米巴費用劃分

該公司的費用劃分並不複雜，原因是作為一個電商公司，費用科目並不多，發生額不大，而且不頻繁。公司原本對每個店鋪都進行費用劃分，匯入阿米巴系統後，將原本不合理的規則，進行修訂即可。

六、阿米巴交易定價

統計 2013 年全年的歷史數據。按現行阿米巴組織統計 2013 年每個阿米巴發生的費用以及每個阿米巴全年銷售的產品數量。

編制定價公式和交易規則：

單個產品成本價＝單個產品採購價＋單個產品加工價

單個產品加工價＝單個產品總費用÷單個產品總銷售額

單個產品總費用＝巴 1 費用＋巴 2 費用＋…＋巴 N 費用

單個產品在各巴費用：巴 N 費用＝巴 N 內總費用÷巴 N 內總產品

最後制定出每個阿米巴的交易價格與交易規則。

七、阿米巴營運實施

從試執行一個月的情況來看，能獨立核算，但有些價格和費用分攤，還需要進一步細化數據。阿米巴的激勵部分與業績指標掛鉤，進行直接物質激勵。

第五章 阿米巴內部交易規則

第六章
阿米巴目標預算

　　企業應建立年度的經營目標。建立年度經營目標以後，才能建立年度費用預算。

　　年度經營目標，是指公司在對外部環境和內部狀況進行分析的基礎上，根據公司發展策略和使命，確立各項經營性活動的方向及具體的目標。經營目標有經濟性目標（如銷售額、利潤等）和非經濟性目標（如管理目標等）。

　　經營目標也是衡量一個公司經營好壞的重要象徵，反映的是公司的策略及價值觀取向。

第六章　阿米巴目標預算

▌本章目標

① 了解：根據策略制定經營目標。
② 理解：經營目標如何落實。
③ 掌握：年度經營目標分解。
④ 掌握：制定年度經營目標預算。
⑤ 掌握：建立年度經營目標。
⑥ 掌握：阿米巴費用預算表。
⑦ 操作：設計阿米巴目標、費用預算表。

▌形成成果

① 公司年度目標與分解。
② 阿米巴年度預算分解表。

第一節
策略目標分解成年度經營指標

▍提示

　　本節內容主要說明如何將策略目標分解成年度經營指標。只有將策略目標分解，阿米巴成員才知道如何去努力和實施。

　　企業策略目標是否能夠達成，取決於集團公司及阿米巴組織成員是否清楚理解企業的策略目標，清楚自己應該為實現策略目標做什麼，並努力去實施。這就需要將企業策略目標正確地分解成年度經營目標。

　　再偉大的策略目標，若不經過層層分解，就永遠只是個虛無的策略。公司分解策略目標，一定要本著「著眼於全域性，著手於區域性」的原則，把策略目標分解得有理有據，而且從企業高階管理人員到普通員工都心服口服。

一、確定企業策略目標

▍第一步 對企業現狀進行分析

　　最常見的是進行 SWOT 分析。所謂 SWOT 分析就是分析企業的優勢（S）、劣勢（W）、機會（O）、威脅（T），以及競爭對手的長處和短處，機會在什麼地方，市場狀況等等。如圖 6-1 所示：

第六章　阿米巴目標預算

優勢 (S)： 1. 2. 3. 利用優勢和機遇的組合	機會 (O)： 1. 2. 3. 改進優勢和機遇的組合
劣勢 (W)： 1. 2. 3. 消除優勢和危機的組合	威脅 (T)： 1. 2. 3. 監視優勢和威脅的組合

圖 6-1　企業現狀分析

　　優勢是阿米巴團隊的內部因素，具體包括有利的競爭態勢、充足的財政來源、良好的企業形象、技術力量、規模經濟、產品品質、市場占有率、成本優勢、廣告攻勢等。

　　劣勢也是阿米巴團隊的內部因素，具體包括設備老化、管理混亂、缺少關鍵技術、研究開發落後、資金短缺、經營不善、產品積壓、競爭力差等。

　　機會是阿米巴團隊的外部因素，具體包括新產品、新市場、新需求，外國市場障礙解除，競爭對手失誤等。

　　威脅也是阿米巴團隊的外部因素，具體包括新的競爭對手、替代產品增加、市場緊縮、行業政策變化、經濟衰退、客戶偏好改變、突發事件等。

思考：你的公司策略目標是什麼？

第二步 整理企業變革思路

基於分析的結果給出判斷,主要是考量在這個分析結果下,在未來的三年、五年(根據企業制定策略計畫的週期長短),企業可以對內部做哪些變革,再分析企業可以對外部做哪些變革。將內部和外部變革所能導致的結果,與不變革的結果進行比較,尋找變化和差別。然後思考這些變化和差別是不是能讓企業滿意,使企業獲得或保持競爭優勢。

制定經營計畫的邏輯主線,如圖 6-2、圖 6-3 所示。

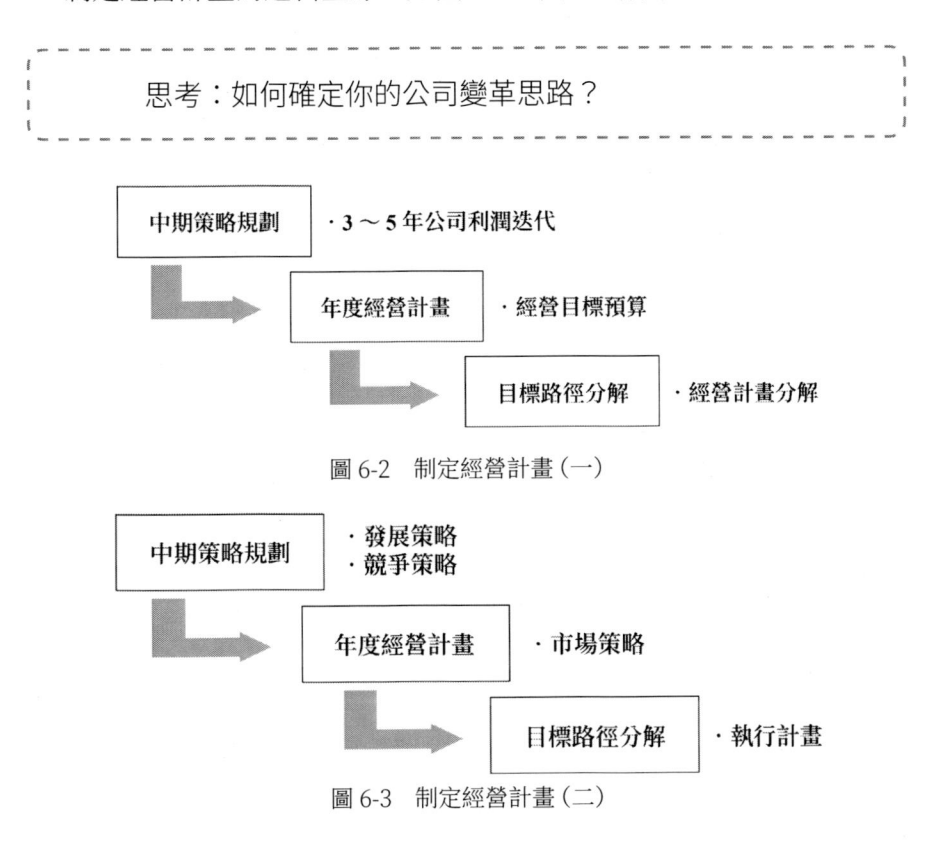

思考:如何確定你的公司變革思路?

中期策略規劃 → 3～5年公司利潤迭代
→ 年度經營計畫 → 經營目標預算
→ 目標路徑分解 → 經營計畫分解

圖 6-2　制定經營計畫(一)

中期策略規劃 → 發展策略、競爭策略
→ 年度經營計畫 → 市場策略
→ 目標路徑分解 → 執行計畫

圖 6-3　制定經營計畫(二)

第三步 整理變革的幅度

思考過後,再來決定是不是要變革,怎麼變革,並確定變革的目標、策略、方案、路徑。這些變革既包含業務層面,又包含內部營運、管理層面。

重點提示

任何一個企業都是先有企業策略,後有子公司策略。企業整體策略是上層建築,各阿米巴團隊子策略只是企業策略的分解者。

二、從策略目標到經營指標

從策略目標到經營指標,是從策略到營運,形成管理循環的一個核心環節,它是策略發揮導向與牽引作用的前提和基礎。一個企業在制定策略目標時,最重要的參考,是企業在市場上的相對地位,它常常反映企業的競爭地位。企業所預期達到的市場目標,應該是最佳的市場占有率,而如何驅動阿米巴組織中的每一個人去實現這個目標,就需要透過經營績效考核指標來傳遞。

經營業績指標必須與企業策略目標相一致。在經營考核指標的擬定過程中,首先應將企業的策略目標層層傳遞和分解(如圖 6-4 所示)。這個分解既有縱向的分解,也有橫向的分解,還需要有時間角度的分解。它既是策略目標的分解,也是經營考核指標的分解,最終會成為各個職位的關鍵績效指標(KPI),從而使阿米巴組織中的每個職位,被賦予對應的策略責任,每個阿米巴員工承擔起各自的職位職責。

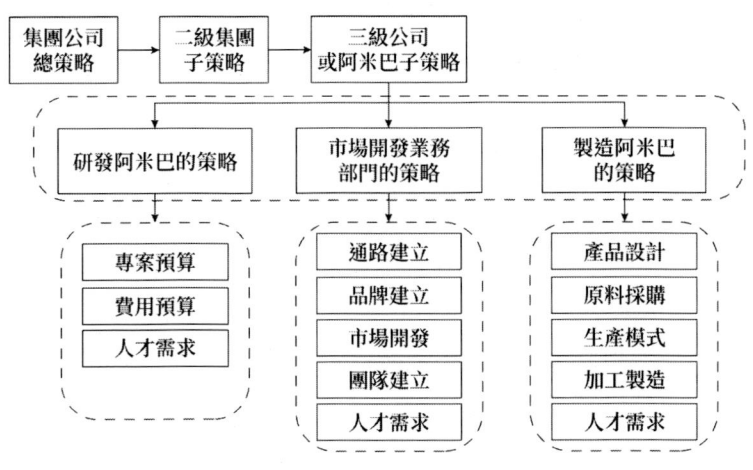

第一節 策略目標分解成年度經營指標

圖 6-4 企業策略目標層層傳遞和分解

▎評點

　　經營考核是策略目標實施的有效驅動工具，經營考核指標應圍繞策略目標逐層分解，而不應與策略目標的實施脫節。只有員工努力的方向與組織策略目標一致時，企業整體的經營業績和指標，才可能促使策略目標達成。

三、阿米巴團隊策略目標與經營考核指標的關聯度

　　阿米巴團隊運作的核心，在於內部市場鏈的建立與經營考核指標緊密掛鉤。但各阿米巴團隊自身發展具有不平衡性，在公司策略中所處地位各異，並由此導致它們不同的績效表現形式。

　　阿米巴團隊子策略目標是企業年度經營業績考核指標的主要來源。阿米巴團隊子策略目標透過年度的分解，形成了各業務團隊（阿米巴團隊）的年度經營目標，以此構成各阿米巴團隊負責人的「年度經營績效合

189

第六章　阿米巴目標預算

約」。可見，企業策略目標分解到各阿米巴團隊，便形成各阿米巴團隊的子策略目標，阿米巴團隊子策略目標沿時間角度的分解，便構成了企業年度經營業績考核指標。

> 思考：為什麼經營考核是策略目標實施的有效驅動工具？

四、經營目標如何實現

面對越來越激烈的企業競爭，企業領導者更關注如何開源節流，提升自身競爭力，更有效利用現有的資源拓展市場，降低管理和營運成本，以達到提高經濟效益的目的。

我們從策略層面思考阿米巴團隊的開源和成本最佳化，從圖 6-5 可獲得直觀的認知：

開源	新業務、產品、新客戶、新模式、應用客戶群、訂單占有率、利潤貢獻優選
成本最佳化	料、工、費細分項的控制方法、投入產出比、庫存控制

圖 6-5　阿米巴團隊的開源和成本最佳化

「開源」就是增加收入──開關增加阿米巴收入的途徑；「成本最佳化」就是減省支出──節省不必要的資源消耗與費用支出。

阿米巴團隊透過嚴格控制生產成本和間接費用，使企業的產品總成本降到最低水準。例如簡化產品、改進設計、節省原材料、實行生產革新和自動化、降低管理費用等。

第一節　策略目標分解成年度經營指標

> 思考：你的公司，如何將經營目標落實？

企業需要從發展策略和競爭策略的層面考量如何開源，透過制定發展策略，增加企業競爭力，從業務流程上保證企業能以最小的成本、高品質的產品和優質的服務贏得客戶。在競爭策略上，透過品類利潤、產業集群、優選客戶池、商業模式創新等，提升企業和阿米巴團隊的獲利能力和競爭力。如圖 6-6 所示：

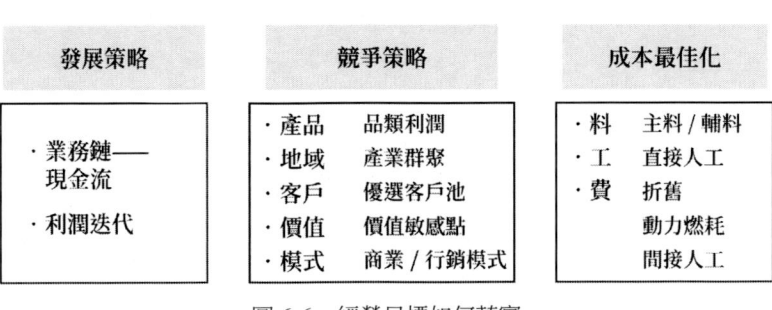

發展策略	競爭策略	成本最佳化
・業務鏈——現金流 ・利潤迭代	・產品　　品類利潤 ・地域　　產業群聚 ・客戶　　優選客戶池 ・價值　　價值敏感點 ・模式　　商業/行銷模式	・料　　主料/輔料 ・工　　直接人工 ・費　　折舊 　　　　動力燃耗 　　　　間接人工

圖 6-6　經營目標如何落實

第六章　阿米巴目標預算

第二節
如何制定年度經營目標

▍提示

　　本節內容主要是年度經營目標分解，一般可按相應的角度進行，如按區域、時間、產品、客戶等角度，這是目標進一步細化的過程，可實踐操作。

　　年度經營目標，是從企業的長期策略目標出發，在分析企業外部環境和內部條件的基礎上，制定公司下一年度各種經營活動所要獲得的結果。年度經營目標是企業經營思想的具體化。

　　企業年度經營目標是企業發展策略的具體展現。許多企業在談到年度經營目標時，只想到銷售額要達到多少、利潤要達到多少。在企業年度經營目標裡，不僅包括產品發展目標、市場競爭目標，還包括社會貢獻目標、職員待遇福利目標、員工素養能力發展目標等。

▍自檢

　　你公司的年度經營目標分解，一般按哪幾個層面進行？

　　企業制定年度經營目標，主要有如下步驟和方法：

第一步　進行策略整理、策略分析及策略規劃

　　年度經營目標既是策略規劃中的里程碑，又是經營績效的一個考核指標。因此，年度經營目標的設定，既要考量策略方向，又要考量現實的

第二節　如何制定年度經營目標

可行性和具體性。確立行業未來發展趨勢、競爭對手動態，以確定 3～5 年策略目標規劃，在此基礎上，再制定年度經營目標。如圖 6-7、圖 6-8 所示：

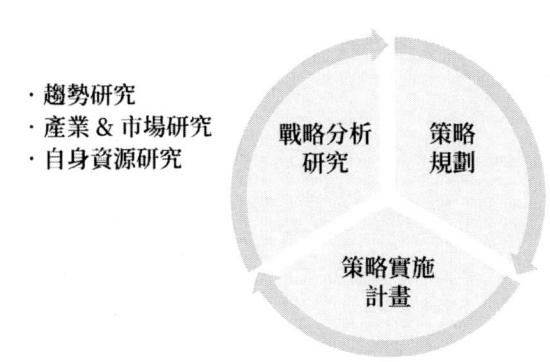

圖 6-7　策略分析及策略規劃

圖 6-8　行業分析

193

第六章　阿米巴目標預算

▎案例

　　某公司是一家精密塑膠製造企業，為應對激烈的市場競爭，該公司重新整理和規劃業務策略：大力發展工程塑膠業務、充分關注模具與射出成型業務、穩定高階風葉業務，並擇機進入二線、三線冷氣廠商。關於競爭層面的策略思考，見表 6-1：

表 6-1　競爭層面的策略思考

	風葉業務	工程塑膠業務	模具及射出成型業務
何處競爭	向二、三線空調廠商的擴張	向外地風葉分公司擴張	逐漸以射出成型業務帶動模具發展，並朝精密模具方向發展
如何競爭	進一步鞏固高端品牌定位，提升關鍵技術能力，著重提升生產效率和成本控制能力	提升研發和工藝設計及產品品質和成本控制能力	提升業務開拓能力和精密模具設計製造能力
何時競爭	適時進入二、三線空調廠商，首先穩定商業市場占有率（近期核心業務），在保證工程塑膠和射出成型業務資金投入的基礎上，選擇時機開拓二、三線空調廠商——先針對二、三線空調廠商打入部分高端產品，保持風葉的高品質	優先發展工程塑膠業務：此業務的發展能夠帶來較高的價值創造和業務合作效應——能夠為風葉和射出成型業務的發展提供支援，且經過多年的累積，目前在技術研發和產能上已具備一定的基礎。因此，應優先、快速發展工程塑膠業務，在人力和財力上做大量投資	充分關注射出成型業務：模具業務的進一步發展需要較大的資金投入，且為公司帶來的直接經濟價值不大。而射出成型業務發展好的話，可帶來較高的價值，由於模具和射出成型是聯動的業務，因此，應對二者進行充分關注，加大射出成型業務開拓的力度，透過射出成型帶動模具的發展

第二節　如何制定年度經營目標

說明：此企業（當時）主要有風葉、模具與射出成型、工程塑膠等三大塊相關業務。其中，風葉業務貢獻了85％以上的銷售額，占據絕對優勢地位。

■ 操作

進行策略整理。

第二步　制定階段性的主要經營目標

結合行業環境、競爭對手和自身產品的市場處境進行綜合評估，選取最關鍵因素，回到企業本身，進行SWOT分析，制定主要經營目標。比如各年度預計銷售成長率、股東報酬率、品牌提升的目標、產品研發的目標等。

■ 操作

制定經營目標。

第三步　確定公司的總目標

包括經營性目標：公司銷售目標、利潤目標、客戶開發數量、區域市場占有率等；非經營性目標：員工發展目標、團隊建設目標、組織管理提升目標、社會責任目標等。

■ 操作

確定公司總目標。

第六章　阿米巴目標預算

第四步　對公司目標進行相應分解

按時間進行分解，即把一週期內的經營目標分解到每個小週期內（如每月、每週，甚至每天）。

按組織分解，即把總體經營目標分解到不同的組織或個人（如每一個區域、每一個團隊、每一個人等），如企業根據市場競爭與內部資源，下達企業年度目標，各個一級阿米巴提出年度目標。

年度經營目標分解，一般可按相應的角度進行，如按區域、時間、產品、客戶等角度，這是目標進一步細化的過程。見表6-2：

表6-2　年度經營目標分解

年度經營目標分解	
按月度分解	
按區域分解	
按客戶分解	
按產品分解	
按品牌分解	
按工段分解	
按車間分解	
按業務員分解	

第五步 確定目標責任人

任何一個經營性目標都必須有相應的人對目標負責，這也是經營性目標達成的必要保證。

▎操作

確定目標責任人。

第六步　確定目標達成日期

目標達成日期是經營性目標達成的截止點。有了時間上的明確要求，經營性目標便可以落實到具體的事項和時間中。

▍操作

確定目標達成日期。

第七步　目標達成需要的資源支援

目標的達成需要人、財、物的充分保障，有相應的資源配置和支援，才能有效地達成經營性目標。

▍操作

確定資源配置與支援。

第八步　經營性目標達成的激勵

有效的激勵方法能促進目標的達成及目標效果的彰顯。對負責目標的團隊或個人，需要在目標確定後，配套相應的激勵機制（精神激勵和物質激勵）。

▍操作

制定所需要的激勵措施。

第六章 阿米巴目標預算

第三節
阿米巴年度預算的編制

▎提示

阿米巴費用預算表十分重要，年度預算是阿米巴團隊的主要工作。合理確立年度經營任務，將對阿米巴產生正向激勵作用。本節需要掌握相關流程和工具。

一、如何製作阿米巴費用預算

阿米巴費用預算，我們透過表 6-3 來說明。

表 6-3　阿米巴費用預算

1. 主營業務收入					
減：主營業務成本	材料成本				
	直接人工				
	製造費用	間接人工			
		折舊費用			
		動力費用			
		其他製造費用			
減：主營業務稅金及附加					
2. 主營業務利潤					
3. 內部交易利潤 + 其他業務利潤 + 營業外收入					
4. 未分攤總部費用前利潤					
減：總部費用分攤					

第三節　阿米巴年度預算的編制

5. 利潤總額		
減：所得稅		
6. 淨利潤		

在表 6-3 中，費用預算分為六項：主營業務收入、主營業務利潤、其他利潤、未分攤總部費用前利潤、利潤總額、淨利潤。

在「主營業務收入」項目裡，一級選單有主營業務成本；二級選單有材料成本、直接人工、製造費用。

製造費用又轉化為三級科目。三級科目有間接人工、折舊費用、動力費用、其他製造費用。

我們做費用預算，透過財務對科目進行明細劃分後，才能做得更準確。

▌操作

製作 ×× 巴費用預算表（選一個重要的部門進行演練）。

二、年度預算編制演練

阿米巴年度預算，是指結合阿米巴團隊的經營目標，透過環境分析與現況盤點，制定年度工作重點和年度計畫。年度預算建立在業務計畫和目標的基礎上，業務計畫和目標在分解後形成阿米巴團隊的主要工作。

阿米巴年度預算目標各指標應當具有挑戰性，且必須保證企業及各阿米巴團隊經過努力可以實現。如果預算目標遙不可及，就會失去目標的激勵作用。因此，預算目標設定要以策略目標為依據，同時結合年度經營計畫程序，合理確定年度經營任務，將企業發展策略和各阿米巴團隊實際情況融入預算管理體系，並構成預算考評體系的標準之一。

199

第六章　阿米巴目標預算

阿米巴年度預算的整體步驟，如圖 6-9 所示。

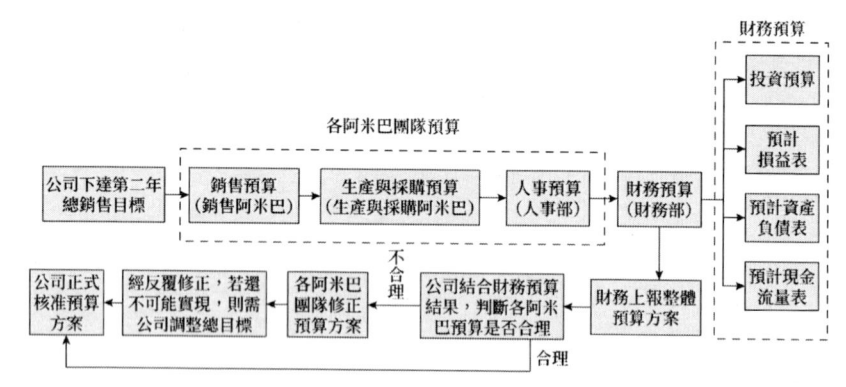

圖 6-9　阿米巴年度預算的整體步驟

▋自檢

在工作中，您是否遇到過以下問題：

預算在企業的經營活動中，有著怎樣的重要性？

怎樣把企業的經營目標，轉化成執行者操作的依據？

怎樣才能準確地編制預算？

如何編制阿米巴的預算，才能避免成本超支？

▋（一）阿米巴的年度預算編制目的

阿米巴組織透過預算，可以細化和量化策略目標，更能規劃未來；透過預算的過程控制及預算執行分析，尋找實際經營活動與預算的差距，可以迅速地發現問題，並及時採取相應的措施；透過預算過程，使阿米巴管理階層必須認真思考完成經營目標所需的方法和途徑，並對市場可能出現的變化做好準備，促進公司各類資源的有效配置；透過預算過程，使阿米巴組織成員具有利潤意識及成本意識，培養其充分利用資源的態度。

(二) 阿米巴年度預算的內容

阿米巴年度預算一般包括兩大部分：策略落實和年度經營計畫。大多數企業都忽視策略的落實，有些企業根本沒有形成正式的策略計畫；年度預算方面也只是做了年度的財務數據預算，沒有將重大專案落實到行動計畫，不利於將資金預算得精準，不利於上下同心，不利於保障目標的實現。

將年度預算做到位，必須有行動計畫，行動計畫是按以下路徑形成的：

1. 策略規劃 — 目標體系 — OGSM — 行動計畫

策略目標體系包括財務目標、客戶目標、內部流程目標、學習成長目標。年度預算由策略規劃而來，根據策略規劃形成的策略，按OGSM（計劃與執行管理工具）進行分解，產生行動計畫和費用預算。

2. 年度計畫 — 改善專案 — 行動計畫

年度經營計畫是由第二年想「賺多少錢」（利潤）而來。由此推算出銷售額，再進行銷量和價格的匹配，從而形成生產計畫、投資計畫、改進專案計畫。

在做策略目標和年度經營計畫前，需要做以下回顧：公司的優勢S／劣勢W／機會O／風險T，公司的定位／客戶／產品／模式，公司的目標／組織。

(三) 重要工作的提煉，為費用預算作準備

支撐業務目標達成的最基本階層，一般來說，有三種類型的重要工作：第一類是策略型工作。此類工作根據公司的策略形成，是公司發展必

第六章　阿米巴目標預算

不可少和各阿米巴團隊主要達成的工作。第二類工作是改善類工作。此類工作是在過往經營管理中未完成或未達成，需要進一步提升的工作，此類工作的設計，有助於業績的成長和效率的提升。第三類是日常性工作。此類工作一般是慣例性的。重要工作的提煉，為費用預算作準備，每項重要工作花費的匯總，就是預算。在此過程中，要注意費用科目的設計。

三、阿米巴年度預算的操作

最終的行動計畫（最好到月）應包括：

① 客戶需求提升計畫及舉措；
② 市場行銷計畫及舉措；
③ 新產品開發計畫及舉措；
④ 生產計畫及舉措；
⑤ 品質提升計畫及舉措；
⑥ 資產採購計畫及舉措；
⑦ 人力資源計畫及舉措；
⑧ 團隊提升計畫及舉措。

具體到阿米巴組織時，每個巴都有以上行動計畫，只是各自的側重點不同。

最終預算的經營數據體系應包括：

① 預計利潤表→阿米巴的經營會計報表；
② 預計現金流量表（由財務編製）→阿米巴年度資金預算表；
③ 預計資產負債表→阿米巴資產負債表（視阿米巴層級而定）；
④ 投資預算→阿米巴投資專案預算表；
⑤ 募資預算。

第三節　阿米巴年度預算的編制

透過以上預算的編制，每個阿米巴巴長都能全面了解和掌握本巴情況，為真正成為一個經營者，打下牢固的基礎。

經營預測的步驟分解，我們從圖 6-10 可獲得直觀的認知。

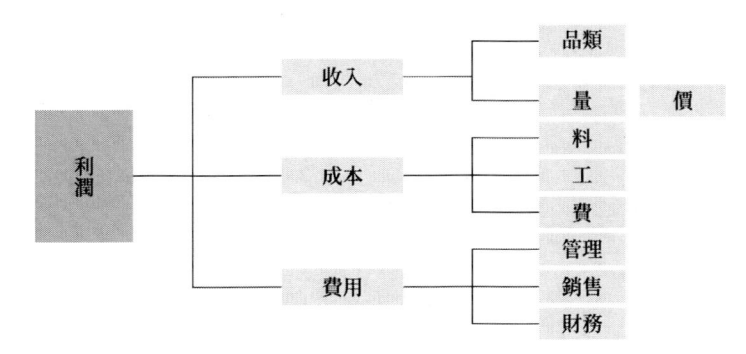

圖 6-10　經營預測的步驟分解

■ 成果 9 阿米巴年度預算分解表

類別	項目	預算金額	結構占比（占收入）	前一年數據	變動比（相比前一年的增減幅）	演算邏輯或步驟
收入	銷售收入					
目標收益	效益					
成本預算	採購成本					
	開發費用					
	人員成本					
營運費用	營運管理雜費					
	水電網路通訊費					
	房租					
	行銷費					

第六章　阿米巴目標預算

類別	項目	預算金額	結構占比（占收入）	前一年數據	變動比（相比前一年的增減幅）	演算邏輯或步驟
營運費用	平臺（線上、線下）					
	培訓費					
	固定費用（房屋分攤、折舊）					
新興業態培育	新型電商平臺					
	新興產品					
資金占用成本	應收帳款利息					
	庫存資金占用成本					
	滯銷品跌價成本					

第四節
如何確保實現年度經營目標

▎提示

　　確立年度經營目標之後，阿米巴團隊就要承擔起實現年度經營目標的責任。本節內容不要求系統掌握，公司有需求的話，可以進行具體操作。

　　年度經營目標的確定，必須符合市場客觀需求，以市場預測為基礎，包括產品市場、勞務市場和資本市場。並以市場為基礎，考量行業權益利潤率平均水準，在充分挖掘的前提下，確定預算目標。

　　確立年度經營目標之後，阿米巴團隊就要承擔起實現年度經營目標的責任。

　　第一，確立實現經營目標的條件，論證其可行性。具體做法是指導各阿米巴團隊制定年度計畫，確定實施策略，特別是所需公司資源和其他部門的協助，經過整合預測，透過阿米巴團隊的參與和承諾，制定企業的年度經營目標，就有了堅實的基礎。

　　第二，有效的經營目標最好按照「由下而上」和「由上而下」相結合的原則制定。「由下而上」，即由各阿米巴團隊根據歷史數據分析（業務變化和成長規律）和新的成長點（產品、客戶、區域等），形成每個團隊的業務目標；「由上而下」即由公司根據策略發展需求，制定公司整體的目標。「由下而上」和「由上而下」相結合的過程，也就是公司和各阿米巴團隊協商溝通的過程。這樣得出來的目標，既符合公司的策略發展，也符合員工的意願和能力範圍，可行性非常強。

　　第三，確定年度經營目標之後，就要討論各個阿米巴團隊的年度經

第六章 阿米巴目標預算

營計畫，包括資產負債表、損益表、現金流量表、薪資預算、費用預算（以上分解到月或產品、地區）、組織架構、人員編制等。透過制定年度計畫，按月或日進行核算管理。企業在同樂會上表揚大家，分享完成目標的喜悅，反覆開展後，創造出完成年度經營計畫的巨大能量。

圖 6-11 是年度經營計畫的制定步驟：

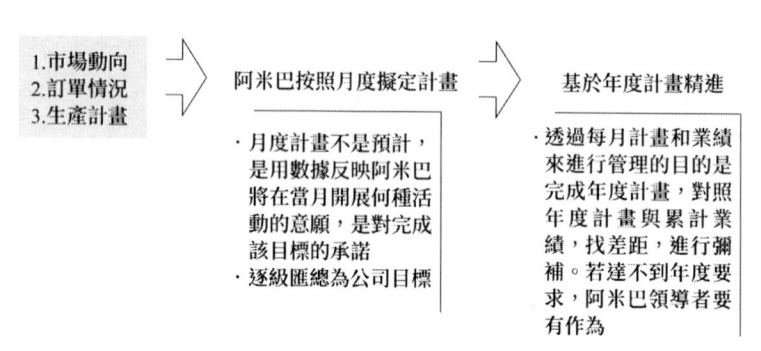

```
1.市場動向          阿米巴按照月度擬定計畫        基於年度計畫精進
2.訂單情況
3.生產計畫          ・月度計畫不是預計，          ・透過每月計畫和業績
                    是用數據反映阿米巴            來進行管理的目的是
                    將在當月開展何種活            完成年度計畫，對照
                    動的意願，是對完成            年度計畫與累計業
                    該目標的承諾                  績，找差距，進行彌
                   ・逐級匯總為公司目標           補。若達不到年度要
                                                  求，阿米巴領導者要
                                                  有作為
```

圖 6-11　年度經營計畫的制定步驟

第四，阿米巴的業績管理。在開展阿米巴經營的過程中，需要有能準確掌握實際業務數據的統一管理機制和方法。

如圖 6-12、圖 6-13、圖 6-14 所示：

```
1 ― 基於部門職能的活動結果，準確地反映在會計表中
    對於所有業績數據必須有明確統計的規則和機制，以分清楚
    阿米巴的哪項業務發生了多少費用，應該發生多少費用

  2 ― 公平、公正及簡約的管理
      缺乏公平、公正，阿米巴經營就無法貫徹；
      同時，內部規則必須簡約

    3 ― 用「業績」和「餘額」掌握業務流程
        阿米巴經營把業績數據與餘額作為經營數據，統一進行管理

      4 ― 阿米巴經營核算的原動力——年度經營計畫
          年度經營計畫是基於公司整體方針和各事業部方針與目標，
          經反覆周密模擬後制定，充分顯示領導者「希望在這一年中
          展開何種經營」的態度
```

圖 6-12　阿米巴的業績管理

第四節　如何確保實現年度經營目標

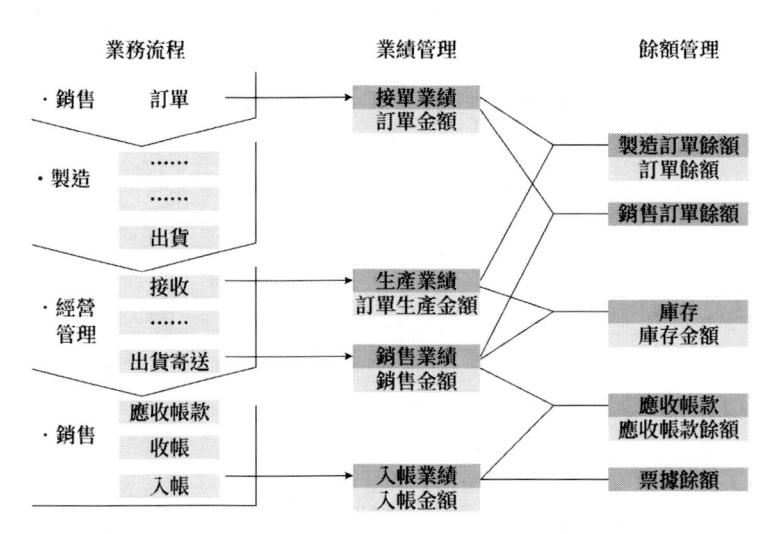

```
業務流程           業績管理           餘額管理

·銷售  訂單  →  接單業績
              訂單金額
                         ┌── 製造訂單餘額
                         │   訂單餘額
·製造  ……                 │
       ……                └── 銷售訂單餘額
       出貨

       接收   →  生產業績
              訂單生產金額
·經營  ……                     庫存
 管理                          庫存金額
       出貨寄送 →  銷售業績
              銷售金額

       應收帳款                應收帳款
·銷售  收帳                    應收帳款餘額

       入帳   →  入帳業績       票據餘額
              入帳金額
```

圖 6-13　阿米巴的業績管理機制

掌控阿米巴核算的機制——掌控收入、經費開支、時間的方法

收入的掌控方法 ——與市場價格掛鉤	經費開支的掌控方法 ——掌握經營現狀，進行精細化管理	時間的掌控方法 ——關注部門總時間
·「售價－成本＝利潤」 ·生產方式 　訂單生產方式 　庫存銷售方式 　公司內部購銷 ·實踐產銷一體化的經營模式	·在採購時計入經費 ·由收益者來負擔與生產活動和銷售活動直接相關的費用，以及間接部門的公共經費 ·領導者掌握單位時間人員的平均勞務費 ·細化經費——領導者必須準確掌握經費狀況	·總時間——員工一個月的正常工作時間，加班時間，部門公共時間，間接公共時間 ·每天必須先把前一天的業績和月初以來的累計業績回饋給每一位員工，以使其掌握總時間 ·臨時工的聘用，必須書面呈報審批

圖 6-14　阿米巴的業績管理方法

▎操作

制定年度經營計畫。

年度經營計畫及預算管理流程，見表 6-4。

表 6-4　年度經營計畫及預算管理流程表

編號	操作步驟	操作說明	時間節點	實用工具
1	提出經營目標	年度經營計畫在正常的情況下，應依據實業的戰略規劃進行編制，年度目標應從3～5年策略規劃的目標分解而來		《年度經營目標》
2	年度規劃	根據已確定的策略規劃進行年度經營目標規劃，結合前年度與上年度經營實際狀況，在預測本年度計畫的各種可能情況下，進行公司年度發展規劃		《年度經營規劃》
3	目標分解	根據策略規劃與年度經營規劃擬定《阿米巴策略目標實施表》，將下年度公司經營目標細化分解，制定相應指導性措施，將策略指標責任落實到各阿米巴，將草案下發到各阿米巴徵求意見		《年度經營計畫編制說明書》
4	經營計畫制定	各阿米巴團隊依據年度經營計畫指導書籍相關要求制定各自的經營計畫送總經辦公室		
5	經營計畫匯總編制	集團公司適時與各阿米巴協調聯繫，綜合評估各分項計畫，並視需要開會研討，編成本年度經營計畫。年度經營計畫和預算草案完成後，報總經理和管理委員會審查		《年度經營計畫綱要》

第四節　如何確保實現年度經營目標

編號	操作步驟	操作說明	時間節點	實用工具
6	討論、審核	集團總部組織召開年度經營計畫討論會，集團負責人、各阿米巴負責人列席會議，各阿米巴對計畫的全面性、可行性提出異議，對經營計畫進行進一步修訂與核定		《年度經營計畫》
7	阿米巴工作計畫	集團總部及時將公司年度經營計畫整理、列印、下發，人力資源部門依據各部門年度經營計畫制定季度考核標準，報分管副總及總經辦備案。阿米巴委員會負責監督經營計畫執行		《阿米巴年度經營計畫表》
8	經營監控	(1) 總經辦公室每月對公司年度經營計畫完成情況進行稽核落實，報總經理進行日常管理決策。 (2) 人力資源部進行考核與績效分析。 (3) 總經理每季對年度經營計畫進行一次檢討、診斷，由各阿米巴將目標的完成情況、存在問題、改進措施等，寫出工作小結報總經辦公室。總經辦公室進行綜合分析，形成診斷報告，報總經理審批，對部分目標進行調整		

▍操作

××巴年度經營目標管控（選一個重要的部門進行演練）。

第六章 阿米巴目標預算

第五節 實踐操作

一、生產阿米巴費用預算表

（見表 6-5）

表 6-5　工廠一級阿米巴費用預算表

日期：

單位：元

序	項目	科目明細	預算金額	備註
1	分攤費用	總辦費——董事會費		
2		總辦費——辦公費		
3		總辦費——差旅費		
4		總辦費——諮詢費		
5		總辦費——招待費		
6		總辦費——評估費		
7		總辦費——審計費		
8		總辦費——教育經費		
9		累計攤銷		
10		辦公費		
11		水電費		
12		固定資產折舊		
13		租賃費		
14		差旅費		
15		業務招待費		
16		汽車費用		

序	項目	科目明細	預算金額	備註
17	分攤費用	教育經費		
18		印花稅		
19		房產稅		
20		土地使用稅		
21		河道費		
22		其他		
23		安保服務費		
合計				
1	本巴費用	原材料		
2		水費		
3		電費		
4		燃料		
5		取暖費		
6		生產用物料		
7		修理維護費		
8		製版費		
9		勞保用品		
10		清潔用品		
11		倉儲運雜費		
12		辦公費		
13		差旅費		
14		產品檢驗費		
15		汽車費用		
16		改造支出		
17		環保費用		
18		其他收入		
19		資產減損損失		
20		其他		
21		固定資產利息		
22		庫存利息		

序	項目	科目明細	預算金額	備注
23	本巴費用	低值易耗品攤銷		
24		折舊費		
25		租賃費		
合計				

二、行銷阿米巴費用預算表

1. 一級阿米巴費用預算表（見表 6-6）

表 6-6　一級阿米巴費用預算表

日期：

單位：元

序	項目	科目明細	預算金額	備注
1	分攤費用	總辦費——董事會費		
2		總辦費——辦公費		
3		總辦費——差旅費		
4		總辦費——諮詢費		
5		總辦費——招待費		
6		總辦費——審計費		
7		辦公費		
8		水電費		
9		固定資產折舊		
10		租賃費		
11		差旅費		
12		業務招待費		
13		汽車費用		
14		教育經費		
15		印花稅		

序	項目	科目明細	預算金額	備註
16	分攤費用	土地使用稅		
1	本巴費用	門市費		
2		宣傳製作費		
3		廣告費		
4		固定資產		
5		低值易耗品		
6		水電費		
7		房租		
8		電話費		
9		基礎維修費		
10		差旅費		
11		汽車費用		
合計				

2. 二級阿米巴費用預算表

（見表6-7）

表6-7　二級阿米巴費用預算表

日期：

單位：元

序	項目	科目明細	7月預算金額	備註
1	間接費用（分攤費用）	總辦費——董事會費		
2		總辦費——辦公費		
3		總辦費——差旅費		
4		總辦費——諮詢費		
5		總辦費——招待費		
6		總辦費——審計費		

第六章　阿米巴目標預算

序	項目	科目明細	7月 預算金額	備註
7	間接費用 （分攤費用）	累計攤銷		
8		辦公費		
9		水電費		
10		固定資產折舊		
11		租賃費		
12		差旅費		
13		業務招待費		
14		汽車費用		
15		教育經費		
16		印花稅		
17		土地使用稅		
1	直接費用 （本巴費用）	產品配送費 （車輛運費）		
2		門市費（促銷品費用）		
3		宣傳製作費 （宣傳品費用）		
4		門市費 （特殊陳列投入費用）		
5		門市費（合約內費用）		
合計				

3. 三級阿米巴費用預算表（見表6-8）

表6-8　三級阿米巴費用預算表

日期：

單位：元

序	項目	科目明細	7月預算金額	備註
1	間接費用 （分攤費用）	總辦費——董事會費		
2		總辦費——辦公費		
3		總辦費——差旅費		
4		總辦費——諮詢費		
5		總辦費——招待費		
6		總辦費——評估費		
7	間接費用 （分攤費用）	總辦費——審計費		
8		總辦費——教育經費		
9		累計攤銷		
10		辦公費		
11		水電費		
12		固定資產折舊		
13		租賃費		
14		差旅費		
15		業務招待費		
16		汽車費用		
17		教育經費		
18		印花稅		
19		房產稅		
20		土地使用稅		

第六章　阿米巴目標預算

序	項目	科目明細	7月預算金額	備註
1	直接費用（分攤費用）	產品配送費（車輛運費）		
2		門市費（促銷品費用）		
3		宣傳製作費（宣傳品費用）		
4		門市費（特殊陳列投入費用）		
5		門市費（合約內費用）		
合計				

三、阿米巴年度收入與分解

1. 生產巴年度收入與分解（見表6-9）

表6-9　生產巴年度收入與分解

序	業務項目	業務目標	完成時間	年度目標分解	責任人	需要資源	備註
1	產值					銷售部	
2	產能					原料、巴成員、基礎設備設施	
3	總辦費——董事會費					財務部	
4	總辦費——辦公費					財務部	
5	總辦費——差旅費					財務部	
6	總辦費——諮詢費					財務部	
7	總辦費——招待費					財務部	
8	總辦費——評估費					財務部	
9	總辦費——審計費					財務部	
10	總辦費——教育經費					財務部	
11	累計攤銷					財務部	

序	業務項目	業務目標	完成時間	年度目標分解	責任人	需要資源	備註
12	辦公費					財務部	
13	水電費					財務部	
14	固定資產折舊					財務部、設備工程部	
15	租賃費					財務部	
16	差旅費					財務部	
17	業務招待費					財務部	
18	汽車費用					財務部	
19	教育經費					財務部	
20	印花稅					財務部	
21	房產稅					財務部	
22	土地使用稅					財務部	
23	河道費					財務部	
24	其他					財務部	
25	安保服務費					人力資源部、財務部	
26	原材料					採購部	
27	水費					財務部	
28	電費					財務部	
29	燃料					財務部	
30	取暖費					財務部	
31	生產用物料					財務部	
32	修理維護費					汽車、財務部	
33	製版費					設備工程部、財務部	
34	勞保用品					設備工程部、財務部	
35	清潔用品					採購部	

第六章　阿米巴目標預算

序	業務項目	業務目標	完成時間	年度目標分解	責任人	需要資源	備註
36	倉儲運雜費					財務部	
37	辦公費					財務部	
38	差旅費					財務部	
39	產品檢驗費					財務部	
40	汽車費用					財務部	
41	改造支出					財務部、設備工程部	
42	環保費用					財務部、設備工程部	
43	其他收入					財務部	
44	資產減損損失					財務部	
45	其他					財務部	
46	固定資產利息					財務部	
47	庫存利息					財務部	
48	低值易耗品攤銷					財務部	
49	折舊費					財務部、設備工程部	
50	租賃費					財務部	
51	人力成本					人力資源部、財務部	
合計							

2. 行銷阿米巴年度收入與分解（見表6-10）

表6-10　行銷阿米巴年度收入與分解

序	二級科目	科目編碼	業務項目	業務目標	完成時間	年度目標分解	責任人	需要資源	備註
1			業績成長						
2	薪資		薪資						
3	產品配送費		物流費用						
4	門市費		門市費						
5	宣傳製作費		宣傳製作費						
6	廣告費		廣告費						
7	固定資產折舊		固定資產						
8	低值易耗品攤銷		低值易耗品						
9	水電費		水電費						
10	房租費		房租						
11	辦公費		網路費						
12	辦公費		電話費						
13	辦公費		基礎維修費						
14	差旅費		差旅費						
15	汽車費用		汽車費用						
合計									

四、年度直接、間接人力需求預測表

（見表 6-11）

表 6-11　年度直接、間接人力需求預測表

中心／部門	科室	類別	職務名稱	當前人數	預計人數	年度各月增減人數	預計人數	人員增加、減少原因說明
第一事業部	總經辦公室	間接人員	總經理					
			人事專員					
			行政專員					
			助理會計師					
	採購科	間接人員	科長					
			採購工程師					
			採購專員					
	銷售部	間接人員	行銷經理					
			業務代表					
			業務助理					
	工程中心	間接人員	總監					
			科長					
			資深工程師					
			工程師					
			助理工程師					
			技術員					
			專案經理					
			專案工程師					

第五節　實踐操作

中心／部門	科室	類別	職務名稱	當前人數	預計人數	年度各月增減人數	預計人數	人員增加、減少原因說明
第一事業部	製造辦公室	間接人員	總監					
			部長					
			科長					
			夜班主管					
			助理					
	產品工程科	直接人員	維修技術員					
			治具管理員					
			錫爐工					
			科長					
		間接人員	資深工程師					
			工程師					
			IE 技術員					
	綜合管理科	直接人員	帳務員					
			組長					
			倉管員					
			物料員					
	綜合管理科	間接人員	科長					
			計畫員					
	品管部	直接人員	檢驗員					
			品管員					
			煲機作業員					
		間接人員	部長					
			工程師					
			技術員					

221

中心／部門	科室	類別	職務名稱	當前人數	預計人數	年度各月增減人數	預計人數	人員增加、減少原因說明
第一事業部	製造一科	直接人員	作業員					
			生產拉長					
		間接人員	科長					
			統計員					
	製造二科	直接人員	作業員					
			生產拉長					
		間接人員	科長					
			統計員					
	製造三科	直接人員	作業員					
			生產拉長					
		間接人員	科長					
			統計員					
直接人員需求匯總								
間接人員需求總結								
合計								

第五節　實踐操作

中心／部門	科室	類別	職務名稱	當前人數	預計人數	年度各月增減人數	預計人數	人員增加、減少原因說明
說明	直接人員	製造單位：作業員、物料員、維修技術員；							
		資材中心：組長、帳務員、物料審計專員、堆高機司機、倉管員；							
		品質中心：檢驗員、品管員；							
		工模、五金、射出成型塑膠：初級技工、中級技工、高級技工							
	間接人員	除直接人員以外的所有職位							

223

第六章 阿米巴目標預算

五、年度各月損益表

（見表 6-12）

項目	行資	填列說明	1月	2月	3月	4月	5月	6月	7月	8月	9月	10月	11月	12月	年度累計數	2016年累計數占營收比例	2015年累計數占營收比例	2016年較2015年占營收比差異
一、主營業收入		預測營業額，來源於銷售預測																
減：主營業成本		以第一事業部最新預算、內部交易價格、材料均價、動平均價格、BOM用量等計算																

表 6-12　年度各月損益表

224

第五節　實踐操作

項目	行資	填列說明	1月	2月	3月	4月	5月	6月	7月	8月	9月	10月	11月	12月	年度累計數	2016年累計數占營收比例	2015年累計數占營收比例	2016年較2015年占營收比差異
其中：材料成本		包含五金、射出成型、高頻、引線、SMT等第一事業部從消費電源採購的半成品，BOM用量核算																
直接人工		第一事業部製造車間的產品工藝路線、直接人工小時費率預算核算																

225

第六章　阿米巴目標預算

項目	行資 填列說明	1月	2月	3月	4月	5月	6月	7月	8月	9月	10月	11月	12月	年度累計數	2016年累計數占營收比例	2015年累計數占營收比例	2016年較2015年占營收比差異
製造費用	第一事業部製造車間的產品工藝路線、小時費率預算核算。包含間接人工、折舊費用、動力費用、其他製造費用等																
其中：間接人工	製造辦公室、製一、製二、製三、品管、管理人員及輔助人員、技術人員薪資																

226

第五節 實踐操作

項目	行資	填列說明	1月	2月	3月	4月	5月	6月	7月	8月	9月	10月	11月	12月	年度累計數	2016年累計數占營收比例	2015年累計數占營收比例	2016年較2015年占營收比差異
折舊費用		製造辦公室、製一、製二、製三、品管，折舊舊費																
動力費用		製造辦公室、製一、製二、製三、品管，水電費																

227

第六章 阿米巴目標預算

項目	行資	填列說明	1月	2月	3月	4月	5月	6月	7月	8月	9月	10月	11月	12月	年度累計數	2016年累計數占營收比例	2015年累計數占營收比例	2016年較2015年占營收比差異
其他製造費用		製一、製二、製三(除直接、間接、折舊、水電費以外的費用)和製造品管(除間接、折舊、水電費以外的費用)辦公室、																
委外費用																		
主營業務稅金及附加		集團統一做再分攤到BU																
二、主營業務利潤																		

228

第五節　實踐操作

項目	行資	填列說明	1月	2月	3月	4月	5月	6月	7月	8月	9月	10月	11月	12月	年度累計數	2016年累計數占營收比例	2015年累計數占營收比例	2016年較2015年占營收比差異
加：分入利潤																		
減：分出利潤																		
三、內部交易利潤																		
加：其他業務收入																		
減：其他業務成本																		
四、其他業務利潤																		
減：營業費用	銷售部成本中心費用預算																	

229

第六章　阿米巴目標預算

項目	行資	填列說明	1月	2月	3月	4月	5月	6月	7月	8月	9月	10月	11月	12月	年度累計數	2016年累計數占營收比例	2015年累計數占營收比例	2016年較2015年占營收比差異
管理費用		總經辦公室+工程中心費用預算																
財務費用																		
資產減值損失																		
加：公允價值變動收益																		
投資收益																		
五、營業利潤																		
加：營業外收入		盤盈																

第五節　實踐操作

項目	行資	填列說明	1月	2月	3月	4月	5月	6月	7月	8月	9月	10月	11月	12月	年度累計數	2016年累計數占營收比例	2015年累計數占營收比例	2016年較2015年占營收比差異
減：營業外支出		第一事業部資產報廢損失、盤虧																
六、未分攤總部費用前利潤總額																		
減：與BU相關的總部費用																		
七、利潤總額																		
減：所得稅		按稅淨利15%計提																
八、淨利潤																		

231

六、阿米巴年度現金流量表

（見表 6-13）

表 6-13　阿米巴年度現金流量表

項目	1月	2月	3月	4月	5月	6月	7月	8月	9月	10月	11月	12月	合計
期初現金、銀行存款餘額													
1. 收貨款													
小計													
1. 收廢品款													
2. 租金收入													
3. 收理賠款													
4. 利息收入													
5. 其他收入													
小計													
收入合計													
支出													
1. 供應商貨款（原材料）													
2. 供應商貨款（輔料）													
3. 委外加工													
4. 設備款													
5. 工程款													
6. 薪資項目													
(1) 管理薪資													
(2) 工人薪資													
(3) 房屋公積金（含代扣代繳個人部分）													
(4) 社會保險（含代扣代繳個人部分）													

第五節　實踐操作

項目	1月	2月	3月	4月	5月	6月	7月	8月	9月	10月	11月	12月	合計
(5) 獎金													
小計													
7. 水電費													
(1) 電費													
(2) 水費													
(3) 燃料費													
小計													
8. 其他費用													
福利費													
職災醫療費													
培訓費（原名：會務費）													
通訊費													
差旅費													
應酬費													
貨物運輸費													
小轎車費用													
招聘費													
客訴客退費													
租金													
無形資產攤銷													
消耗品													
修理及保養費													
報關費													
認證費													
檢測費													
專利費													
研發費用（原樣品費用）													
廣告費													

第六章 阿米巴目標預算

項目	1月	2月	3月	4月	5月	6月	7月	8月	9月	10月	11月	12月	合計
商業保險													
審計費													
訴訟費													
顧問費													
稅費													
其他													
小計													
9. 長期待攤													
10. 折舊													
11. 稅費													
(1) 增值稅													
(2) 城建教育稅													
個人所得稅（代扣代繳）													
(4) 企業所得稅													
(5) 房產稅													
(6) 土地使用稅													
(7) 印花稅／車船稅及其他													
小計													
支出合計													
保底基金													
資金差額													
加：內部借款													
加：銀行融資													
期末現金、銀行存款餘額													

七、阿米巴資產負債表格式

（見表 6-14）

表 6-14 阿米巴資產負債表

項目	年初數	1月期末數	2月期末數	3月期末數	4月期末數	5月期末數	6月期末數	7月期末數	8月期末數	9月期末數	10月期末數	11月期末數	12月期末數
貨幣資金													
應收票據													
應收帳款													
減：呆帳準備													
應收帳款淨額													
預付帳款													
其他應收款													
存貨													
待處理流動資產													
一年內到期的非流動資產													
流動資產合計													
長期股權投資													
長期應收款													
固定資產原值													
減：累計折舊													
減：固定資產減損準備													
固定資產淨額													
固定資產清理													
待處理固定資產													
在建工程													
無形資產													

第六章 阿米巴目標預算

項目	年初數	1月期末數	2月期末數	3月期末數	4月期末數	5月期末數	6月期末數	7月期末數	8月期末數	9月期末數	10月期末數	11月期末數	12月期末數
長期待攤費用													
遞延所得稅資產													
資產總計													
短期借款													
應付票據													
應付帳款													
預收帳款													
其他應付款													
應付職員薪酬													
應繳稅費													
應付股利													
一年內到期的非流動負債													
流動負債合計													
長期借款													
長期應付款													
長期負債合計													
遞延所得稅負債													
負債合計													
實收資本													
資本公積													
盈餘公積													
本年利潤													
未分配利潤													
所有者權益合計													
負債和所有者權益總計													

第五節　實踐操作

項目	年初數	1月期末數	2月期末數	3月期末數	4月期末數	5月期末數	6月期末數	7月期末數	8月期末數	9月期末數	10月期末數	11月期末數	12月期末數
製表：													
本月購原料													
本月發出原料													
原材料													
半成品													
產成品													
在產品													
委外加工物資													
存貨													
進項													
應付													
銀行存款													

八、阿米巴年度費用計畫表

（見表 6-15）

表 6-15　阿米巴年度費用計畫表

編制說明	二級科目	序號	費用科目編碼	三級科目	重新歸類	1月	2月	3月	4月	5月	6月	7月	8月	9月	10月	11月	12月	年度	占產值百分比
				營業額/產值															
	直接生產人員薪資			固定薪資															
				計件薪資															
				績效獎															
				加班費															
				薪資發放差異															
				夜餐補貼															
				生活補助															
				退房補貼															
				特殊職位補貼															
	直接生產人員薪資																		

第五節　實踐操作

編制說明	二級科目	序號	費用科目編碼	三級科目	重新歸類	1月	2月	3月	4月	5月	6月	7月	8月	9月	10月	11月	12月	年度	占產值百分比
				工齡獎															
				其他補貼															
				月度獎金															
				全勤獎															
				品質獎															
				年終獎金															
	小計			直接生產人員薪資															
	管理人員薪資			固定薪資															
				績效獎															
				加班費															
				生活補助															
				夜餐補貼															
				薪資發放差異															
				其他補貼															
				月度獎金															

239

第六章　阿米巴目標預算

編制說明	二級科目	序號	費用科目編碼	三級科目	重新歸類	1月	2月	3月	4月	5月	6月	7月	8月	9月	10月	11月	12月	年度	占產值百分比
				年終獎金															
	小計			管理人員薪資															
	技術人員薪資			固定薪資															
				績效獎															
				加班費															
				生活補助															
				夜餐補貼															
				薪資發放差異															
	技術人員薪資			其他補貼															
				月度獎金															
				年終獎金															
	小計			技術人員薪資															
	輔助人員薪資			固定薪資															

第五節 實踐操作

編制說明	二級科目	序號	費用科目編碼	三級科目	重新歸類	1月	2月	3月	4月	5月	6月	7月	8月	9月	10月	11月	12月	年度	占產值百分比
				績效獎															
				加班費															
				生活補助															
				夜餐補貼															
				薪資發放差異															
				其他補貼															
				月度獎金															
				年終獎金															
				輔助人員薪資															
				小計															
	社會保險費用			養老保險(後面刪除)															
				強制性公積金															
				社會保險費用															
				小計															

241

第六章 阿米巴目標預算

編制說明	二級科目	序號	費用科目編碼	三級科目	重新歸類	1月	2月	3月	4月	5月	6月	7月	8月	9月	10月	11月	12月	年度	占產值百分比
	住房公積金			住房公積金															
	小計			住房公積金															
	福利費			公司活動費(原公司活動費+公費旅遊+發放物品)															
				菜金															
				補償金															
				福利費															
	小計																		
	工傷醫療費			工傷醫療費															
	小計			工傷醫療費															

第五節 實踐操作

編制說明	二級科目	序號	費用科目編碼	三級科目	重新歸類	1月	2月	3月	4月	5月	6月	7月	8月	9月	10月	11月	12月	年度	占產值百分比
	培訓費（原名：會務費）			培訓費（原資料費+出差費+內部會務費）															
				培訓費（原名：會務費）															
	小計																		
	通訊費			固定電話費															
				手機費															
				網路費															
				郵資（文件快遞費）															
				通訊費															
	小計																		

243

第六章　阿米巴目標預算

編制說明	二級科目	序號	費用科目編碼	三級科目	重新歸類	1月	2月	3月	4月	5月	6月	7月	8月	9月	10月	11月	12月	年度	占產值百分比
	差旅費			交通費（+原運輸費和報關費下的出差費）															
				住宿費															
				伙食費															
	小計			差旅費															
	應酬費			應酬費															
	小計			應酬費															
	貨物運輸費			油費															
				路橋費															
				汽車修理費															

244

第五節　實踐操作

編制說明	二級科目	序號	費用科目編碼	三級科目	重新歸類	1月	2月	3月	4月	5月	6月	7月	8月	9月	10月	11月	12月	年度	占產值百分比
				汽車定期檢驗費（原汽車定期檢驗費＋汽車保險費）															
				外租車費															
				運輸費（＋原通訊費下送貨產生的空運、船運和快遞費）															
	小計			貨物運輸費															
	小車費用			油費															
				路橋費															

245

第六章 阿米巴目標預算

編制說明	二級科目	序號	費用科目編碼	三級科目	重新歸類	1月	2月	3月	4月	5月	6月	7月	8月	9月	10月	11月	12月	年度	占產值百分比
				汽車修理費															
				小車費用															
	小計																		
	招聘費			招聘費用（原場地費+差旅費）															
				招聘費															
	小計																		
	燃料動力費			水費															
				電費															
				燃料費															
				燃料動力費															
	小計																		
	客訴客退費			重新生產材料費用															
				處理客訴費用															
				客訴															
				客退費															
	小計																		

第五節　實踐操作

編制說明	二級科目	序號	費用科目編碼	三級科目	重新歸類	1月	2月	3月	4月	5月	6月	7月	8月	9月	10月	11月	12月	年度	占產值百分比
	折舊			折舊															
	小計			折舊															
	租金			廠房／辦公大樓租金															
				宿舍租金															
				房屋管理費															
	小計			租金															
	無形資產攤銷			無形資產攤銷															
	小計			無形資產攤銷															
	消耗品			生產消耗															
				辦公消耗															
				其他消耗															
	小計			消耗品															
	修理及保養費			保養費															

247

第六章 阿米巴目標預算

編制說明	二級科目	序號	費用科目編碼	三級科目	重新歸類	1月	2月	3月	4月	5月	6月	7月	8月	9月	10月	11月	12月	年度	占產值百分比
				修模費															
				設備修理費															
				工治具費用															
				後勤維修費用															
				修理及保養費															
	小計																		
	報關費			查車費															
				打單費															
				商檢費															
				委託費															
				報關費															
				報關費															
	小計																		
	認證費			安規認證費用(+原證書年費)															

第五節　實踐操作

編制說明	二級科目	序號	費用科目編碼	三級科目	重新歸類	1月	2月	3月	4月	5月	6月	7月	8月	9月	10月	11月	12月	年度	占產值百分比
				體系檢查費（+原工廠檢查費）															
				認證費															
	小計																		
	檢測費			原材料檢測費															
				成品檢測費															
				EMC檢測費															
				設備儀器檢測費															
				檢測費															
	小計																		
	專利費			專利費															
	小計																		
	研發費用（原樣品費用）			樣品費															

249

第六章　阿米巴目標預算

編制說明	二級科目	序號	費用科目編碼	三級科目	重新歸類	1月	2月	3月	4月	5月	6月	7月	8月	9月	10月	11月	12月	年度	占產值百分比
				項目研發費															
				研發費用(原樣品費用)															
	小計																		
	廣告費			廣告費															
				參展費															
				廣告費															
	小計																		
	商業保險			財產保險															
				產品保險															
				人身意外保險															
				商業保險															
	小計																		
	審計費			審計費															
	小計			審計費															
	會議費			會議費															
	小計			會議費															
	訴訟費			訴訟費															
	小計			訴訟費															

第五节　實踐操作

編制說明	二級科目	序號	費用科目編碼	三級科目	重新歸類	1月	2月	3月	4月	5月	6月	7月	8月	9月	10月	11月	12月	年度	占產值百分比
	長期待攤			長期待攤費用															
	小計			長期待攤																
	稅費			房產稅																
				土地使用稅																
				車船使用稅																
				關稅																
				印花稅																
				排汙費																
				衛生費																
				員工調配費																
				堤圍費																
				繳政府雜費																
				差餉																
	小計			稅費																

第六章　阿米巴目標預算

編制說明	二級科目	序號	費用科目編碼	三級科目	重新歸類	1月	2月	3月	4月	5月	6月	7月	8月	9月	10月	11月	12月	年度	占產值百分比
	雜費			雜費															
	小計			雜費															
	其他			項目費用															
				公司經費															
				業務佣金															
	小計			其他															
			明細與加總數據校對差異	合計															

252

第五節　實踐操作

▌案例

　　J 公司是一家由 2 國合資的專業漆包線生產廠家，專門為各國際著名品牌廠商提供漆包線及其他線材系列產品，年產值逾 7 億元。

　　隨著競爭的加劇和國際期貨銅的價格連年下滑，該公司的業績自 2012 年開始下降，利潤的下滑更是嚴重。此時，公司對外需要尋求新的產品，對內必須控制各項成本。

一、問題現象

1. 管理高度集權、缺乏經營性人才

　　總經理高度集權，管理人員只是聽從指揮，缺乏主觀能動性，更無經營意識和經營能力。

2. 局限於 OEM 模式，和市場脫節

　　該公司長期以來局限於 OEM 模式，對市場的敏感度不夠，沒有主動研發產品與開發客戶。

3. 沒有財務管理和分析

　　只有銷售收入較為準確，利潤沒有分解到產品、客戶，分不清誰賺錢、誰虧損。

4. 庫存嚴重、資金鏈幾近斷裂

　　銅的採購數量沒有對接市場，產、銷嚴重不平衡。

　　2013 年底，公司庫存占用的資金高達 5,000 萬元，但全年主營業務利潤只有 1,000 多萬元，使資金鏈幾近斷裂。

5. 公司的業務開拓幾近停滯

只依賴總經理的人脈介紹客戶和接單,沒有專業銷售隊伍,也沒有主動開發客戶和搶奪競爭對手的訂單比例。

6. 組織體系紊亂,依靠總經理個人隨機指揮

雖然有分部門、職位,但職責非常不清,依靠總經理隨機指揮加以運作。

7. 公司的責、權、利體系沒有建立

無從談起授權體系,事事都是總經理親自下令、親自過問,下屬必須在過程中時時匯報。

二、原因分析

① 公司的權力都集中在總經理手中,長此以往,將強兵弱。
② 公司長期都局限於 OEM 模式,缺少和外部市場的互動及對接,形成了相對封閉的內部市場,缺少市場化思維和運作。
③ 公司缺乏經營管理人才,粗放式經營,沒有分析過業務、產品、客戶、行銷模式和細分利潤,缺乏業務鏈規劃和策略思維。
④ 公司高度集權、人才匱乏、一人多職位、組織職能錯位不健全、業績下滑等,形成一條惡性循環鏈,必須從內部變革和打破。

三、解決方案

1. 診斷調查

透過面談、現場觀察、數據閱讀、走訪客戶、了解同行等方法,將公司的問題挖掘出來。

2. 數據分析與市場研究

對現有產品和客戶進行銷售額、利潤、資金周轉等分析，篩選優質產品與客戶。同時，透過外部調查、同行對標、趨勢研究、政策影響等，尋找藍海產品與客戶。

3. 制定中長期策略計畫

透過以上內外數據分析，得出公司「一個中心、兩個基本點」的策略轉型思路，即以原OEM加工向工貿一體化轉型為中心；以產品結構調整和行銷體系重塑為兩翼；最後透過策略研究，確定兩個成長業務產品和一個種子業務產品。

4. 阿米巴組織劃分

以產品為劃分：5個一級巴（利潤型）；

以職能為劃分：4個二級生產巴（成本型）、4個二級銷售巴（利潤型）。

5. 阿米巴資產盤點和費用分攤

對公司總部、各巴進行清產核資；建立費用分攤規則，並進行分攤。

先將總部費用按各巴銷售額占比，分攤到一級巴，再將總部分攤下來和一級巴職能部門的費用，分攤到二級銷售巴（利潤巴）。二級生產巴（成本巴）只對巴內成本負責（標準成本），形成生產巴和銷售巴的核算表。

6. 阿米巴內部交易

內部交易是阿米巴會計的核心，該公司的內部交易關係很複雜，分為以下四個步驟進行：

第一，業務流分析暨內部交易界定。

因為該公司的產品有不同的工序，不同產品經過的前工序的組合不

第六章　阿米巴目標預算

同，必須仔細釐清每一種產品的工序組合，並勾畫出各巴產生內部交易的產品和關係。

第二，內部交易定價。

該公司的內部交易分為三種形式——同巴之間購銷、跨巴交易和內部外發。

首先計算每道工序、每個品規的標準成本，按照料、工、費的成本構成原則，同時加上生產巴的巴內費用，折算到每個品規的部分。在標準成本的基礎上，加上跨巴交易利潤，跨巴交易利潤在標準成本的基礎上，順加一定比例。

第三，內部交易流程。

按照上述三種不同的交易形式，分別標記出產品在生產巴、銷售巴之間的流動交易關係和交易過程涉及的責任職位和工作表單。

第四，內部交易的報表展現。

按照交易物、交易價和交易流的三大要素確定，進行會計入帳。由於公司用的會計入帳方式是各巴合併報表，可以直接對接公司財務報表，因此內部購銷和交易的報表入帳，只有經過上述三個步驟後，才會非常清晰。

7. 阿米巴年度經營目標建立

首先，顧問培訓各巴長如何預測銷售收入，以及在該銷售收入的前提下，如何做好各項成本與費用的預算。同時，設計好相關表格，以利於巴長操作。

其次，各巴結合由下而上和由上而下兩條線，進行年度經營預算編制，並分解到月，形成匯總的公司總經營預測表。

最後，為了確保經營目標能夠落實執行，還針對生產、銷售兩大體系，制定業務計畫落實舉措。

8. 阿米巴營運管控

成立阿米巴推進委員會，界定委員的職責和例會機制；成立審計監察委員會，界定審計監察的內容、形式；界定總部和阿米巴組織的許可權、事項和對接流程。

9. 阿米巴實施輔導與執行改善

針對阿米巴經營會計報表要每日統計的現狀，列明每筆會計科目要得到的數據來源，從而對公司內部運作流程上的很多節點，增補了13種日常工作表單，以確保數據的即時性、準確性。

針對執行中產生的問題，能夠即時解決的除外，其他的形成「問題回饋單」，逐級會簽，推動財務對接人、巴長、專案負責人和總經理等知悉問題和解決問題，並將問題回饋單形成週匯總，例行匯報。

在試執行過程中，調整了費用分攤規則、跨巴交易利潤核算規則、個別巴的年度經營目標預算等，並敦促財務對原本報表中不合理的數據項進行修正。

培訓巴長、統計人員和管理人員，對阿米巴的系統框架、財務知識、報表闡釋、內部交易形式和流程等，均予以培訓。

四、實施效果

1. 觀念轉變，人才培養

這是到目前為止最大的收穫，總經理開始下放一定權力到巴長；以前銷售跟單的、工廠主任、品管經理，做了巴長之後就主動去開發客戶，而且已經成功開發幾個客戶。

2. 利潤與去年同期相比大幅成長

該公司自實施阿米巴以來,一改利潤一路下滑的頹勢,營業額成長38%、利潤成長52%;新產品的研發與銷售也正按顧問擬訂的策略在實施,新客戶、新產品的銷售額已占27%。

3. 庫存大幅降低(漆包線、三層絕緣線等庫存品)

該公司自實施阿米巴以來,庫存品金額從7,000萬元大幅降低至3,000萬元,充裕了現金流,大大地緩解公司資金鏈的壓力。

第七章
阿米巴經營會計報表的建構與運用

　　阿米巴經營會計報表，是衡量阿米巴團隊日常經營管理過程中各項經營性指標的報表。阿米巴經營會計報表的科目格式設定很簡單，報表使用者容易理解，也能清楚地反映阿米巴組織的收入總額和費用總額，讓每一位員工都對阿米巴的收入、費用和利潤有足夠重視，也讓企業高層利用阿米巴經營會計報表來監控經營過程。

第七章　阿米巴經營會計報表的建構與運用

本章目標

① 理解：阿米巴經營會計報表的關鍵內容。
② 理解：經營會計報表的製作最好精確到週。
③ 理解：預提和預計可有效控制風險。
④ 掌握：經營會計報表的統計部分。
⑤ 掌握：經營會計報表的改善分析部分。
⑥ 掌握：阿米巴經營會計報表體系與範例。
⑦ 操作：設計阿米巴經營會計報表。

形成成果

阿米巴經營會計報表。

第一節
從損益表到經營核算表

▎提示

　　從傳統損益表變成阿米巴的經營核算表，是一家公司實施阿米巴經營模式的前提。本節主要是了解經營會計報表改善的思路。

　　怎麼看到阿米巴組織每天的經營狀況？這就需要對傳統報表進行改革，從傳統損益表變成阿米巴的經營核算表。

　　兩者的不同在於：其一，傳統損益表是以數字損益為導向，阿米巴經營核算表是以使用者價值為導向；其二，每個阿米巴均為使用者創造價值，不僅形成整體效應，還避免了濫竽充數的問題。

　　為什麼要變成阿米巴經營核算表？網際網路時代，要求以使用者價值為導向，才能真正實現公司與客戶雙贏共享。每個阿米巴都以使用者價值為導向，盯住使用者個性化需求，營利就是必然的結果。

　　在網際網路時代，企業就應該讓每個人都是自己的 CEO。這意味著讓每個人成為經營者，不是被各式各樣的報表所左右，而是以阿米巴經營核算表為平臺，發揮每個員工的聰明才智和最大潛能。阿米巴損益表範例，見表 7-1。

第七章 阿米巴經營會計報表的建構與運用

表 7-1 阿米巴損益表

阿米巴名稱：

項目		1月 預算金額	1月 實際金額	1月 差異	2月 預算金額	2月 實際金額	2月 差異	3月 預算金額	3月 實際金額	3月 差異	4月 預算金額	4月 實際金額	4月 差異	5月 預算金額	5月 實際金額	5月 差異	6月 預算金額	6月 實際金額	6月 差異	7月 預算金額	7月 實際金額	7月 差異	8月 預算金額	8月 實際金額	8月 差異	9月 預算金額	9月 實際金額	9月 差異	10月 預算金額	10月 實際金額	10月 差異	11月 預算金額	11月 實際金額	11月 差異	12月 預算金額	12月 實際金額	12月 差異	累計 預算金額	累計 實際金額
(四) 費用	(8) 本巴費用																																							
	(9) 直接分攤費用																																							
	(10) 間接分攤費用																																							
	小計																																							
本巴淨利潤																																								
本巴總時間	正常工作時間																																							
	加班時間																																							
	公共時間																																							
	借調/支援時間																																							
	小計																																							
當月單位時間																																								
單位時間產值																																								
人工利潤比																																								

第一節　從損益表到經營核算表

阿米巴名稱：

項目		1月			2月			3月			4月			5月			6月			7月			8月			9月			10月			11月			12月			累計	
		預算金額	實際金額	差異	預算金額	實際金額	差異	預算金額	實際金額	差異	預算金額	實際金額	差異	預算金額	實際金額	差異	預算金額	實際金額	差異	預算金額	實際金額	差異	預算金額	實際金額	差異	預算金額	實際金額	差異	預算金額	實際金額	差異	預算金額	實際金額	差異	預算金額	實際金額
總出貨	對外銷售																																				
	對內銷售																																				
	小計																																				
(一) 總收入	(1)對外銷售收入																																				
	(2)對內銷售收入																																				
	(3)內部採購																																				
	小計																																				
減： (二) 成本 (不含人工)	(4)固定成本																																				
	(5)變動成本																																				
	小計																																				
減： (三) 人工 (見編製)	(6)直接人工																																				
	(7)間接人工																																				
	小計																																				

第七章　阿米巴經營會計報表的建構與運用

第二節
用經營會計報表透視經營狀況

▌提示

　　阿米巴經營會計報表能夠以數據回饋現場，透過一線的回饋，來透視經營狀況。具體如何操作，這是本節主要講述的內容。

一、用數據回饋現場

　　阿米巴經營會計就是以數據回饋現場，即時應對市場變化。阿米巴經營會計是反映阿米巴整體經營狀況的一套核算體系，清晰地顯示阿米巴的損益狀況。只有將複雜問題簡單化，才能讓阿米巴全體員工都了解。在阿米巴經營模式裡，「人人都是經營者」，只有掌握住現場的經營數據，阿米巴領導人才能準確地做決策。這也是阿米巴經營的精髓所在。

　　阿米巴經營模式是以經營數據為基礎，經營數據可以使阿米巴經營狀況具體而直觀。阿米巴領導人透過經營數據，可以易如反掌地掌握經營現狀，並在此基礎上，在短時間內，進行現場溝通，即時採取相應措施，應對市場變化。

　　例如一些匯入阿米巴經營模式的企業，阿米巴領導人將年度計畫、月度計畫分解，得到當日計畫。經營數據表都在工廠的黑板上貼著，阿米巴組織每天都召開晨會，員工能夠獲得前一天的生產數量、經營目標達成率、單位時間核算、良率等經營數據，同時指出當前的問題，並確定當天的工作任務。所有阿米巴成員都邊聽邊做筆記。透過數據回饋現場，將阿米巴經營目標和經營數據，在晨會等會議上反覆傳達，使全體員工對數據

核算非常敏感，而且會對負責的工作所創造的利潤產生濃厚的興趣。

如果阿米巴組織中每一個人、每一個職位都有一張單位時間核算表，透過這張表，客觀分析阿米巴經營狀況，就能夠對現場經營狀況一目了然。各阿米巴根據年度經營目標來設定月度目標和當日目標，對實際業績進行動態管理。透過準確掌握反映自身業務活動結果的附加價值，能夠迅速找出問題，並立刻加以改進。

■ 操作

××巴數據回饋現場的步驟（選一個重要的部門進行演練）。

二、用阿米巴經營會計報表透視經營狀況

將阿米巴經營會計報表模板擺在面前，阿米巴領導人只需要把業績數據填入表中。各個阿米巴都把各自的月度業務計畫轉換成具體的數據，用經營會計報表的形式展現，然後對比實際業務所創出的銷售額和所發生的經費開支，進行核算管理。

每個阿米巴根據「單位時間」這個指標來設定年度和月度目標，對實際業績進行管理。阿米巴組織每個月透過準確掌握反映自身業務活動結果的附加價值，能夠迅速找出問題所在，並立刻加以改進。

阿米巴運用經營會計報表，對經營過程進行管理，主要有以下特點：

公司經營，重要的是平時就要了解現場情況。透過詳細的經營會計報表，客觀分析阿米巴組織的經營狀況，以此開展經營。

阿米巴領導人可以隨身帶著經營會計報表，隨時進行研究。透過經營會計報表，能夠對產品種類、材料、製造工序、設備、生產技術以及阿米巴工作氣氛瞭如指掌。只要審讀經營會計報表，阿米巴的工作情況、部門

第七章　阿米巴經營會計報表的建構與運用

現狀，以及阿米巴面臨的問題，都會一一掌握。在阿米巴組織中，不需要任何人進行匯報，經營會計報表會告訴你一切。

想要對阿米巴的經營狀況瞭如指掌，關鍵是如何劃分經營會計報表的成本和費用項目。經營會計報表的項目，比普通財務報表的統計項目詳細得多，因此能準確地掌握經營現狀。

思考：阿米巴經營會計報表的重要性。

三、阿米巴領導人的工作重點是「時間」管理

在匯入阿米巴經營模式的企業中，業務部門和生產部門都是獨立核算的阿米巴，因此阿米巴全體成員都會為提高附加價值、增加獲利而做出努力。

比如生產型阿米巴的核算，是將生產總值計入收入，然後減去除勞務費之外的所有扣除金額，算出結算銷售額。而銷售型阿米巴是把作為收入的總收益，減去除勞務費之外的所有經費開支，算出結算收益。然後用計算出的結算銷售額（業務部門是結算收益）除以總時間，就得出單位時間核算。於是，業務部門和製造部門作為獨立的阿米巴，就可以掌握自己部門的附加價值，並努力提高該數據。

由此可見，阿米巴領導人的工作重點不是放在勞務費上，而是放在提升生產能力的「時間」管理上。

思考：阿米巴領導人為什麼要進行「時間」管理？

第二節　用經營會計報表透視經營狀況

四、準確掌握每天的業績數據，迅速做出經營判斷

經營會計報表不是在月底統計當月的訂單、生產、銷售、經費、時間等重要的經營資訊，而是每天進行統計，並迅速地將其結果回饋給阿米巴成員。

巴長只有準確掌握每天的業績數據，才能時刻掌握計畫的進展情況。如果產品訂單、銷售金額及產品製造等計畫拖延，那阿米巴組織就能立即採取對策，以使計畫順利完成。另外，如果經費開支超出經營計畫，阿米巴領導人也能迅速採取嚴格控制支出的措施。

透過每天檢查阿米巴組織的核算情況，就可以迅速做出經營判斷。這種每天進行的核算管理，確保了阿米巴經營目標的順利完成。

> 思考：阿米巴組織為什麼要準確掌握每天的業績數據？

五、努力提高工作生產率，不斷增加市場競爭力

在「人人成為經營者」的阿米巴經營模式中，阿米巴組織為了提高「單位時間核算」，時刻關注時間的重要性，營造充滿緊迫感的工作氛圍，並透過反覆的鑽研、創新，提高工作生產率。

現代企業經營最重視的是速度，把如何提高時間效率視為在競爭中獲勝的關鍵。經營會計報表透過引入「時間」概念，使每一位阿米巴員工都能意識到時間的寶貴，努力提高生產率。這不僅能提升本阿米巴的核算效率，還能提升公司整體的生產率，從而進一步增加市場競爭力。

> 思考：阿米巴經營為什麼能夠提高生產率？

第七章　阿米巴經營會計報表的建構與運用

六、匯總阿米巴經營數據，提高員工們參與經營的意識

　　各個阿米巴領導人及其成員，把經營會計報表視為掌握整體經營計畫、經營業績的重要數據，而且各阿米巴的經營數據，最後會匯總成公司整體的經營會計數據。這樣就逐步形成透過統計各阿米巴經營會計報表，來掌握公司經營業績的機制。公司不僅統計各個阿米巴組織的經營數據，還統計各阿米巴的整體計畫、月度經營會計報表，從而計算出公司整體的計畫數據。

　　為使整個公司擁有統一的經營會計報表，並以相同的標準和制度運作，全公司必須統一經營會計報表的格式。各阿米巴的經營數據匯總成公司整體的數據後，公司領導階層就能掌握正確的經營方向，且即時通報各阿米巴及公司的業績，讓全體員工準確地了解各阿米巴和公司的經營狀況，從而提升員工們參與經營的意識。

> 思考：如何提高員工參與經營的意識？

第三節
阿米巴經營會計報表的建立

阿米巴經營會計報表的建立，是阿米巴經營的顯性特徵（如圖 7-1 所示）。

阿米巴經營的核心象徵

⬇

從交付到交易
阿米巴經營的顯性特徵

⬇

經營會計報表（週報 / 月報）

圖 7-1　阿米巴經營會計報表的建立

一、阿米巴經營會計報表與財務報表的比較

阿米巴經營會計報表與財務報表的差異，主要展現在關注人員、週期及體系、結果與過程等方面（如圖 7-2 所示）。

> 思考：相對於財務報表，你如何理解阿米巴經營報表的優勢？

第七章　阿米巴經營會計報表的建構與運用

	財務報表	阿米巴經營報表
關注人員	・公司總經理 ・財務總監 ・經理	・巴長及團隊成員
週期及體系	・月報／季報／年報 ・三大報表	・日報／週報／月報 ・經營報表及分析表
結果與過程	・結果後置	・標準提前 ・即時反映 ・及時改正

圖 7-2　阿米巴經營會計報表與財務報表的差異

二、阿米巴經營會計報表的設計原則

① 以始為終：始終以提升經營效益為出發點。

② 看清看細：精細化核算，真實直觀反映經營狀況。

③ 利益改善：方便進行經營分析，能基於數據做決策。

④ 簡單明瞭：報表呈現盡可能簡單直觀。

⑤ 個性化制定：根據企業特點與需求，量身製作。

第四節
阿米巴經營會計報表的應用要求

▌提示

　　阿米巴經營會計報表能夠讓巴長一目了然地知道公司經營狀況。讀完本節內容，需要掌握阿米巴經營表單體系和使用要求。

一、用報表指導經營

　　稻盛和夫先生曾這樣說過阿米巴經營會計：「無論是在公司還是出差，我都第一時間看每個部門的『阿米巴經營會計報表』。透過銷售額和費用的內容，我可以像看一個一個故事一樣，明白那個部門的實際狀態，經營上的問題也自然而然地浮現出來。」

　　不管您在公司還是出差，只要看這張報表，就可以知道公司的經營狀況；看到某部門銷售、費用的內容，就像看故事一樣，明白了該部門的實況，腦海中浮現出該部門負責人的相貌，「那樣亂花費用」、「材料費占銷售額比例太大」，經營上的問題也自然浮現。

　　當然，阿米巴經營會計報表除了讓股東或經營者能直接看到公司的經營狀況及發現問題外，阿米巴經營會計也可以採用市場價格倒推的方法來降低生產成本。如業務部接到訂單後，發送到生產部門，生產部門會以訂單上的價格為基礎，想盡一切辦法來降低費用，用最少的費用和成本，做出最完美的客戶最滿意產品，從而達到利潤最大化的目的。如圖7-3所示：

第七章 阿米巴經營會計報表的建構與運用

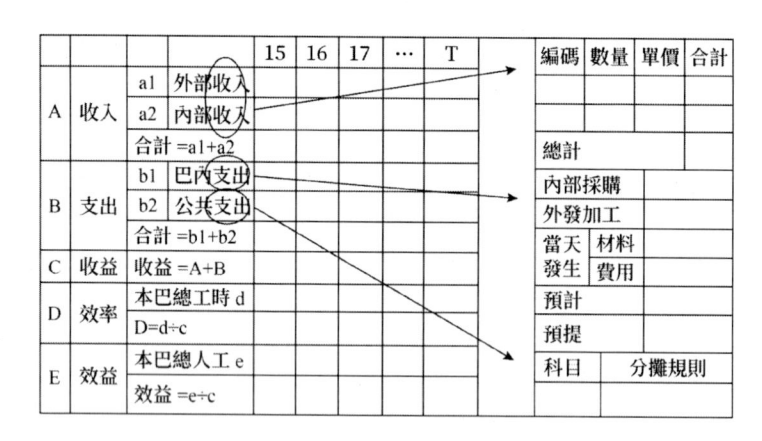

			15	16	17	...	T
A	收入	a1 外部收入					
		a2 內部收入					
		合計 =a1+a2					
B	支出	b1 巴內支出					
		b2 公共支出					
		合計 =b1+b2					
C	收益	收益 =A+B					
D	效率	本巴總工時 d D=d÷c					
E	效益	本巴總人工 e					
		效益 =e÷c					

編碼	數量	單價	合計
總計			
內部採購			
外發加工			
當天發生	材料		
	費用		
預計			
預提			
科目	分攤規則		

圖 7-3　阿米巴經營會計報表的內容

阿米巴經營會計報表一般包括三個方面的內容：

一是收入。阿米巴團隊的銷售額減去退貨等的餘額，即該團隊的收入。阿米巴的收入來源於產品的銷售，如果是利潤巴，除了內部交易產生的銷售，還可以直接對外銷售產品，這兩部分的總和，減去因各種原因回收產品或賠償上游工序的金額，再減去內部採購的金額，便是本阿米巴團隊的淨收入。

二是各阿米巴團隊在一週期內所產生的費用和成本。阿米巴團隊的成本包括原材料成本、輔料成本以及人力成本（有些企業不願意將人力成本納入產品成本中，也是可以考慮的一種方式）等。阿米巴團隊的費用，分成統計部分和分攤部分。統計部分指各阿米巴團隊在營運過程中產生的費用，分攤部分指本阿米巴團隊外的部門或集團所產生的費用，需要本巴承擔的部分。

三是各阿米巴團隊在一週期內所產生的工時。工時包括三部分：第一部分是本巴所產生的工時，即本巴本週期內工作人數 × 工作時間；第二部分是非本巴人員，如上級巴或總部人員所產生的工時分攤；第三部分是

第四節　阿米巴經營會計報表的應用要求

臨時外借人員所產生的工時,或本巴人員加班所產生的工時。

對於阿米巴團隊的利潤如何產生,不同的阿米巴形態、不同的訂單方式也不同。如利潤巴,一般是透過外延,即透過提高銷售價格和銷售數量來提高利潤;而成本巴,則是透過內求,即降低產品的生產成本及費用來達成本巴收益。

▌評點

經營會計報表可以幫助我們從策略的高度,把企業看清、看透。每個阿米巴真實的經營狀況如何,這個月賺還是虧,哪個阿米巴虧,哪個阿米巴賺,費用是如何花的……透過經營會計報表,就可以一目了然,從報表中找出問題,讓員工看著報表進行改善。

下面是一張××股份公司的阿米巴經營會計核算表,供大家參考(見表 7-2):

表 7-2　××股份公司阿米巴經營會計核算表

項目			計算公式			
行銷收益	外部收益	客戶甲	A1			
		客戶乙	A2			
	內部收益	阿米巴甲	A3			
		阿米巴乙	A4			
	總收益合計		A=A1+A2+…			
直接成本	變動費用	原材料	B1			
		配件費	B2			
		耗材費	B3			
		電費	B4			
		水費	B5			
		銷售佣金	B6			
		內部購買	B7			

第七章　阿米巴經營會計報表的建構與運用

項目			計算公式			
直接成本	固定費用	場地租金	B8			
		設備租賃	B9			
		固定利息	B10			
		公共分攤	B11			
	總成本合計		B=B1+B2+……			
經營毛利			C=A-B			
勞務費用	稅前人工	薪資總額	D1			
	公司補貼	社會保險總額	D2			
		福利總額	D3			
	總勞務合計		D=D1+D2+……			
經營純利			E=C-D			
投入人員（個）			F			
總時間（小時）			G			
單位人均產值（元）			H=A/F			
單位時間價值（元）			I=C/G			

二、應用週期要求

　　阿米巴的經營會計報表起碼要做到月報。如果連月報都沒有，說明你的公司沒有開始實施阿米巴經營模式。

　　經營會計報表的製作，最好精確到週。阿米巴經營會計報表，最好能做到週報。如果你細分到下面的阿米巴，且透過軟體來抓取阿米巴的經營數據，那麼做到日報也不是多困難的事情。如果你失去 IT 系統的支援，想透過人工來計算，那就很困難了。

思考：阿米巴經營報表為什麼最好精確到週？

第四節　阿米巴經營會計報表的應用要求

三、關於預提和預計

阿米巴週報有幾個關鍵點：預提和預計。預提和預計可有效控制風險。

阿米巴經營會計報表就像開車的儀表盤，阿米巴經營週報可以不斷地提醒經營者，哪裡做得不好。

> 思考：預提和預計為什麼可以有效控制風險？

如圖 7-4 所示：

×× 巴週報			一	二	三
收入 = 內部收入 + 外部收入					
成本	本週領進材料	按實際數統計			
	場所分攤	金額 ÷ 全年工作週			
	設備折舊	金額 ÷ 全年工作週			
	預提品質損失	金額 ÷ 全年工作週	若未發生，年底轉入利潤		
費用	本週日常費用	按實際數統計			
	預計水電費	金額 ÷ 全月工作週	月報依實際數調整		
	公共費用分攤	金額 ÷ 全月工作週			
收益 = 收入 - 成本 - 費用					

圖 7-4　阿米巴週報的關鍵點

四、透過報表查問題，改善分析

阿米巴經營會計報表分為兩個部分：一個是統計部分，另一個是改善分析部分。其實最關鍵的是改善分析。如圖 7-5 所示：

第七章　阿米巴經營會計報表的建構與運用

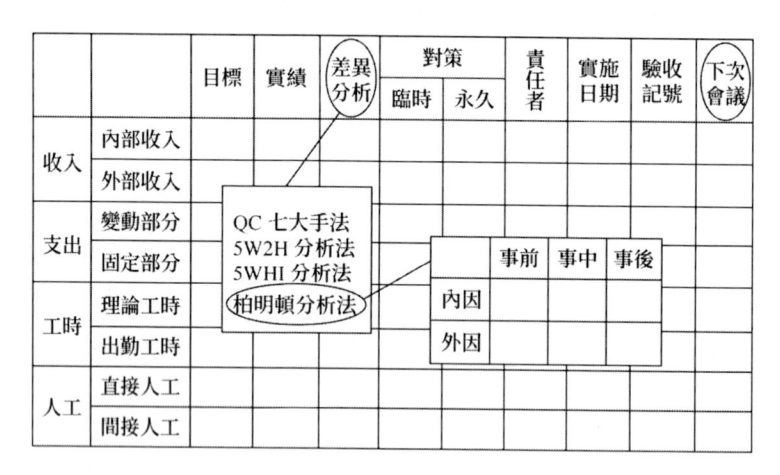

		目標	實績	差異分析	對策		責任者	實施日期	驗收記號	下次會議
					臨時	永久				
收入	內部收入									
	外部收入									
支出	變動部分				事前	事中	事後			
	固定部分									
工時	理論工時				內因					
	出勤工時				外因					
人工	直接人工									
	間接人工									

差異分析：QC 七大手法、5W2H 分析法、5WHI 分析法、柏明頓分析法

圖 7-5　阿米巴經營會計報表的改善分析

　　如果你的實際收入大於目標收入，而且你的實際支出小於目標支出，則意味著今天或本週，你這個阿米巴是有利潤的。如果沒有，就要做差異分析。這張表是非常有效的，是在外國企業裡用得很多的表格。

　　阿米巴經營會計報表中，改善的部分有時候會比統計部分更重要。因為阿米巴報表的目的，就在於你不斷地掌握經營狀況，提出改善對策。

　　阿米巴經營會計報表的改善分析，有助於即時應對市場變化，改善企業策略。在經營會計報表以及大數據背後，我們要精細化分析，並思考潛藏在這些公式後面的特點、特性和特徵，即時發現問題，追蹤問題的根源，快速形成問題解決方案。數據不是任何人都能看懂的，所以必須形成文字分析結果，準確判斷企業經營現狀，幫助公司決策階層準確決策。

　　所以稻盛和夫說：「如果不懂會計，就不能稱之為合格的經營者。」

> 思考：你如何理解稻盛和夫「如果不懂會計，就不能稱之為合格的經營者」這句話？

第五節
阿米巴經營會計報表的核算邏輯

阿米巴經營追求的是「銷售收入最大化，成本費用最小化」，要求阿米巴團隊持續開源節流，創造高收益（如圖 7-6 所示）。

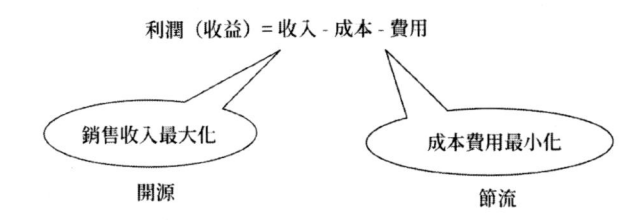

圖 7-6　阿米巴經營會計報表的核算邏輯

一、阿米巴經營會計報表的關鍵核算指標

阿米巴經營會計報表的關鍵核算指標，主要有效率指標和效益指標。

效率指標：

單位時間附加價值 =（收入 - 成本 - 費用）／總工時

效益指標：

單位人效比 =（收入 - 成本 - 費用）／總人力成本

二、提高關鍵核算指標的主要方法

① 多接訂單，增加生產。
② 減少浪費，降低費用。
③ 提高效率，縮短時間。

三、阿米巴報表密度與成本的關係

阿米巴報表密度與成本有一定的關係。以日報和時報為報表週期，成本就降低，收入提高（如圖 7-7、圖 7-8 所示）。

1. 報表密度與成本降低

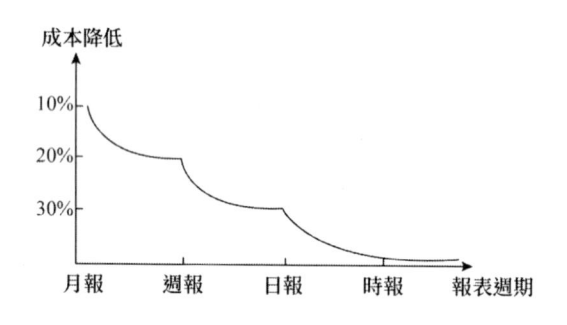

圖 7-7　報表週期與成本的關係

2. 報表密度與收入提高

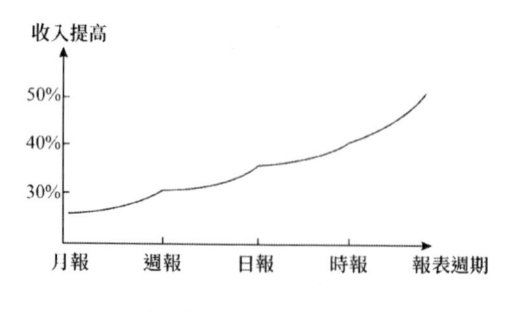

圖 7-8　報表週期與收入的關係

四、阿米巴報表應用注意事項

應用頻率：阿米巴報表頻率越高越好，至少到週報，最好到日報。

應用目的：日／週報表用來改善日常工作行為，年／月報表用來制定目標預算以及決策。

第五節　阿米巴經營會計報表的核算邏輯

應用成本：報表頻率決定了報表成本，不能一味追求頻率，不考量報表成本。

> 思考：阿米巴經營會計對你有哪些幫助？

成果 10 阿米巴經營會計報表（月報表與週報表）

項目		月度目標／預算		本月實際		年度目標／預算		年度實際累計	
		金額	比率	金額	比率	金額	比率	金額	比率
損益核算	收入（以結匯金額計收入）								
	新簽約金額								
	結匯合約金額								
	結匯金額								
	結匯差異金額								
	退稅								
	其他收入								
	成本								
	採購成本								
	訂單直接費用								
	其他成本								
	產品開發佣金								

第七章　阿米巴經營會計報表的建構與運用

項目		月度目標／預算		本月實際		年度目標／預算		年度實際累計	
		金額	比率	金額	比率	金額	比率	金額	比率
損益核算	毛利（收入 - 成本）								
	巴內費用								
	人員薪資								
	行銷費用								
	其他費用								
	巴外費用								
	行銷費用分攤（展會）								
	設計開發費用分攤								
	公司平臺費用分攤								
	收益（毛利 - 巴內費用 - 巴外費用）								
	調整項（內部交易規則或合約外異常產生的金額調整）								
	調增項								
	調減項								

第五節 阿米巴經營會計報表的核算邏輯

項目		月度目標／預算		本月實際		年度目標／預算		年度實際累計	
		金額	比率	金額	比率	金額	比率	金額	比率
損益核算	資金占用利息								
	考核收益（收益＋調整項）								
效益指標	總人力成本								
	單位效率比（收益／總人力成本）								
損益核算	收入（以結匯金額計收入）								
	新簽約金額								
	結匯合約金額								
	結匯金額								
	結匯差異金額								
	退稅								
	其他收入								
	成本								
	採購成本								
	訂單直接費用								
	其他成本								

第七章 阿米巴經營會計報表的建構與運用

項目		月度目標／預算		本月實際		年度目標／預算		年度實際累計	
		金額	比率	金額	比率	金額	比率	金額	比率
損益核算	產品開發佣金								
	毛利（收入-成本）								
	巴內費用								
	人員薪資								
	行銷費用								
	其他費用								
	巴外費用								
	行銷費用分攤（展會）								
	設計開發費用分攤								
	公司平臺費用分攤								
	收益（毛利-巴內費用-巴外費用）								
	調整項（內部交易規則或合約外異常產生的金額調整）								
	調增項								

項目		月度目標／預算		本月實際		年度目標／預算		年度實際累計	
		金額	比率	金額	比率	金額	比率	金額	比率
損益核算	調減項								
	資金占用利息								
	考核收益（收益＋調整項）								
效益指標	總人力成本								
	單位效率比（收益／總人力成本）								

阿米巴經營會計報表應用說明

共性化的財務概念：

收入 - 成本 - 費用 = 收益

收入 - 成本 = 毛利

毛利 - 費用 = 收益

四項個性化的報表概念

收入：合約和結匯之間的差異。

成本：採購成本＆訂單直接費用。

費用：間接費用＆人員薪資＆平臺公攤。

調增調減項：客戶索賠、工廠索賠、內部交易規則違約。

第七章　阿米巴經營會計報表的建構與運用

阿米巴經營會計報表應用

週報和月報的表頭橫欄不一樣。

週報可以靈活定義「阿米巴週」，如1～7日，8～15日，6～23日，24～30日。

關注目標預算值和實際完成值之間的比率差異。

從報表倒推我們的經營和管理

週報：每筆結匯和收回款項對應每筆合約／訂單，本週內完結，成本按系統取數，費用按規則對應到週。

月報：年度目標分解到月，從月分解到週。

流程：業務必須對清帳目，財務必須跟進應收。

阿米巴目標預算及收益預測

收入：結匯收入──合約未結匯＆合約新增結匯預測。

目標：新增合約預測（明年的結匯，提前預測明年的現金流）。

成本：按大數法則測算出成本率和毛利率。

費用：根據歷史數據，結合實際變動情況進行反映和測算。

收益：各巴盈虧不一。

盈虧平衡點：公司和各巴都已反映，新增合約反映明年的現金流。

激勵說明

預算表上已反映公司的各巴獲利情況、現金流預測、盈虧平衡點、綜合市場、報表和制度情況。

第八章
阿米巴經營分析及落實操作

　　什麼是經營分析？經營分析作為管理PDCA循環（計劃、執行、檢查和處理）的核心工具，主要圍繞阿米巴經營會計報表，以始為終，從差距（事實）出發，總結好的經驗，分析差的教訓，最終尋求最佳落實策略。另外，還需制定5W2H的行動計畫（包括為什麼、做什麼、何人做、何時、何地、如何做、做多少），旨在進一步提升各阿米巴的業績。

第八章　阿米巴經營分析及落實操作

■ 本章目標

① 理解：經營分析的流程和要點。
② 理解：阿米巴經營分析框架。
③ 理解：如何有效開展經營分析。
④ 了解：經營分析「一報一會」機制。
⑤ 了解：如何召開阿米巴經營會議。
⑥ 操作：阿米巴經營分析報告形成。

■ 形成成果

① 全面理解阿米巴經營分析要點。
② 經營分析成果輸出。

第一節
經營分析的流程和要點

一、阿米巴經營分析的目的和重點

阿米巴經營分析的目的：推動各巴以達成目標或預算為導向，基於數據和報表分析、解決問題，持續改善經營狀況。

重點：找出差異（經營中存在的主要問題或亮點）；分析原因；制定改善措施或行動計畫。

例如：

問題：我們團隊的經營業績好嗎？

原因：什麼影響了我們團隊的經營業績？

對策：我們如何有針對性地進行改善？

成果 11 全面理解阿米巴經營分析要點

	現狀	目標
目的	總結過去——執行檢查——部署工作	評估——問題——目標——措施計畫
結果	經營分析 PPT／會議紀要（過去）	經營分析報告＋下個月目標與計畫（未來）
應用	有心的人會去跟進，注意力不集中的聽聽散會	工作組織、資源調配的依據 PDCA
誰在分析	財務、收益總監	巴長為主，財務與收益總監為指導
分析內容	指標為主	效益＋效率

第八章　阿米巴經營分析及落實操作

	現狀	目標
分析方法	比較分析法（與去年同期相比、與前期相比）	對比（目標）、指標、結構、趨勢
分析工作組織	由上到下、通報、領導部署	先基層，再整體

二、經營分析基本流程

經營分析的基本流程指確定模板、進行財務數據分析、業務分析、召開經營分析會議等（如圖 8-1 所示）。

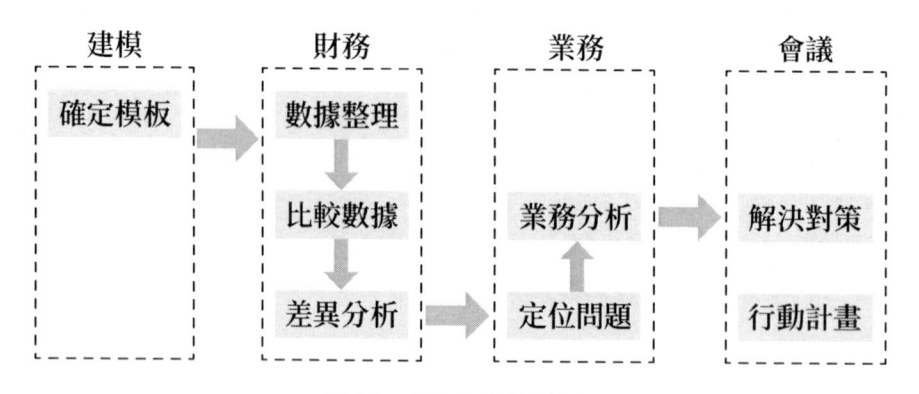

圖 8-1　經營分析基本流程

三、經營分析常用方法

經營分析常用方法，主要有比較分析法、趨勢分析法、因素分析法和指標分析法等（見表 8-1）。

分析對象的角度：子公司、客戶、區域、產品、專案。

第一節　經營分析的流程和要點

表 8-1　經營分析常用方法

分析法	常用舉例
比較分析法	預算——實際，本期——上期，本年——去年
趨勢分析法	收入成長率、銷售毛利率變動
因素分析法	毛利率下降、售價、銷售結構、產品成本
指標分析法	銷售毛利率、費用率

四、經營分析常見問題

經營分析常見問題主要有如下幾點：

管理：主管沒熱情，認為對自己的管理沒有利用價值，不分期、不講解。

編制：財務與業務沒有共同參與分析。

分析：機械套用模板，單列數字；掌握不住重點，沒人揭示根本性問題；沒有深入分析數字背後業務的原因；定性描述，缺乏定量分析。

規劃：上月分析界定的問題，沒有拿出有針對性的措施，沒有形成封閉、完整的循環。

第八章　阿米巴經營分析及落實操作

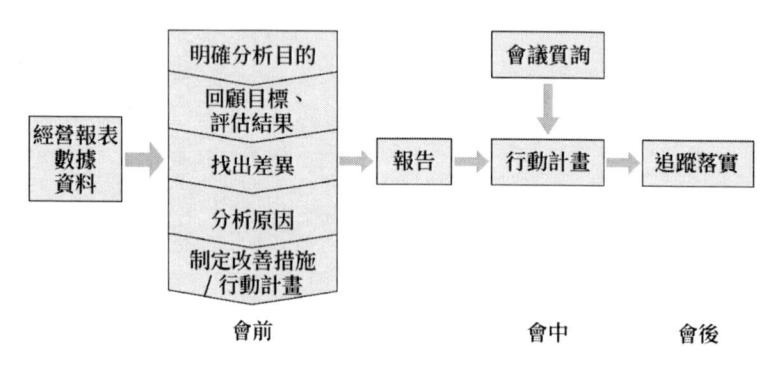

第二節
阿米巴經營分析框架

　　阿米巴經營分析框架包括經營會計報表、數據和資料。會前基於數據和報表分析、解決問題，持續改善經營狀況；會中進行質詢並制定行動計畫；會後追蹤落實。如圖 8-2 所示。

圖 8-2　阿米巴經營分析框架

一、阿米巴經營分析的數據來源

1. 經營會計報表

　　這部分主要指阿米巴經營月報表，列出巴收入、成本、毛利、費用、收益、總人力成本、單位人效比等。

2. 專案經營狀況

　　這部分數據主要來自經營狀況統計表，列出各項收入、成本、毛利、收回款項、銷售前十大客戶分析、利潤前十大客戶分析、產品毛利分析等。

3. 費用明細

各類費用明細表；費用各科目金額。

4. 現金流量

現金流量包括現金收入情況（現金收入、現金支出、現金盈虧）、應收應付統計（應收帳款、應付帳款）等。

二、阿米巴經營數據分析方法

阿米巴經營分析，主要是進行差異分析，並制定改進措施（如圖 8-3 所示）。

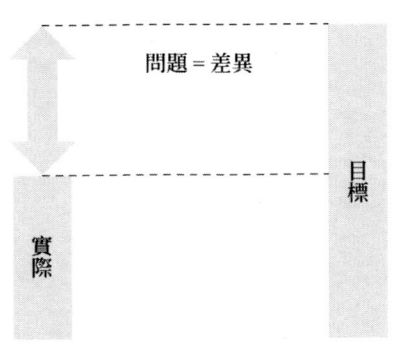

圖 8-3　阿米巴經營分析的目的

在財務方面，主要進行比率分析、結構分析、趨勢分析。比率分析主要統計各項成本費用所占的比率，如表 8-2 所示。

表 8-2　阿米巴經營分析—比率分析

核算科目	本年度目標		本年度累計	
	金額	比率	金額	比率
成本				
項目成本				

第八章　阿米巴經營分析及落實操作

核算科目	本年度目標		本年度累計	
	金額	比率	金額	比率
內部加工製作費				
內部製圖費				
項目其他費用				
其他成本				

　　結構分析主要研究某一部門各項費用的結構占比，從而確定主要控制科目，如圖 8-4 所示。

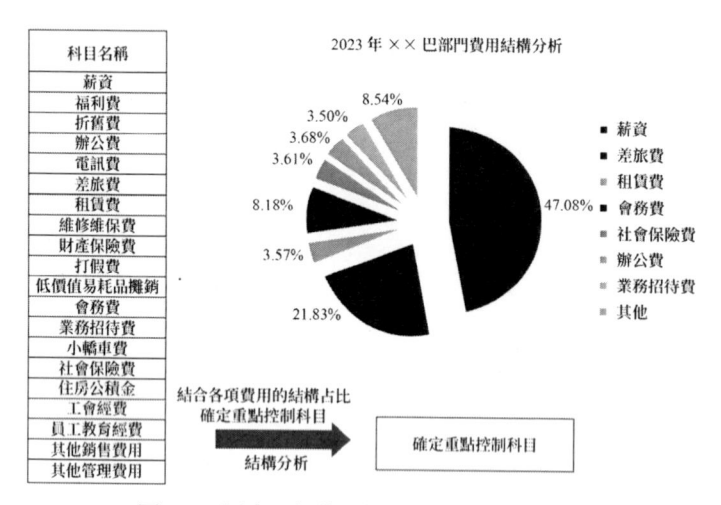

圖 8-4　阿米巴經營分析 —— 結構分析範例

　　在原因／對策方面，主要進行魚骨圖分析、心智圖等。魚骨圖分析法範例，如圖 8-5 所示。

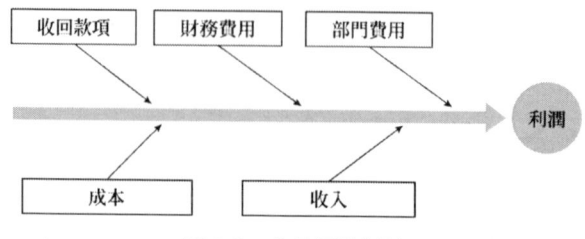

圖 8-5　魚骨圖分析法

292

第三節
如何有效開展經營分析

一、有效開展經營分析的四個問題

如何有效開展經營分析，主要從四個問題展開。

問題1：經營分析給誰看、誰分析？

經營團隊：發現問題，改進公司的管理，提高經營效率。

上級單位：為了加強監督、監管，防止舞弊。

問題2：經營分析有用嗎？

能否揭示出經營中存在的問題？這首先需要巴長和財務人員有足夠的數據敏感度，可從業務角度找到數據異常的原因。

能否推動解決業務問題？這等於把經營分析當成了管理工具，揭示問題的能力取決於分析人員的財務分析能力及其業務的融合度，解決問題則需要最高負責人的認同與參與。

問題3：怎麼分析？

閱讀機制：阿米巴經營會計報表出來後，利用阿米巴週會、月會機制，組織阿米巴成員一起看、分析阿米巴報表。

怎麼分析阿米巴報表？

看整體：看整體收益，以收益為起點，看本期數據以及累計數據與目標的對比情況，從整體結果可快速預警經營狀況。

看收入：檢查銷售與收回款項進度。從收入的目標進度與達成率，看

本期數據及累計數據與目標的對比情況，對照目標，找到差距和問題，制定有效措施。

看支出：主要在於進度匹配。看本期支出與預算的差異，包括本期數據及累計數據，主要關注實際是否超標、費用支出與計畫是否匹配、付款履約情況等。

看細項：用數據準確定位問題。從可控、金額大的項目看起，特別關注異常的項目，分析其原因。全員參與閱讀報表，巴長帶著本巴成員一起閱讀報表，一起分析、討論。

問題4：經營分析報告從哪裡開始？

先從KPI復盤，找出問題，挖出業務不足的原因，並提出改進建議。

從損益表開始，確定當期主要問題，細化問題項目。

分析報告的基本框架：主要KPI完成情況；上期重大問題回顧。

專項分析：成長性分析、獲利性分析、流動性分析。

最後是重要問題總結、本期預測與計畫等。

二、有效開展經營分析的操作要點

特點：圍繞報表進行，緊扣KPI。

分析貼近財務金三角，為管理服務，封閉、完整的循環作業。

第一個封閉的循環：上期重要問題的解決。

對於上期會議確定的重大問題，回饋解決的進展情況。

具體範例見表8-3。

表 8-3　重要問題解決方案進展

存在的問題	擬改進措施	時間節點	責任人

第二個封閉的循環：主要財務 KPI 完成情況。

以報表的形式反映主要財務 KPI 的完成情況，圈出其中完成的亮點及暗點，根據需求重點分析，如圖 8-6 所示。

指標名稱	年度目標	實際完成	目標完成率	季度目標	季度完成	季度完成率
新簽合約			進度比較			
營業收入　增長性						
成本費用率						圈出暗點
利潤總額　獲利性			圈出亮點			
淨利潤						
期末應收帳款／營業收入						
營業活動現金淨流量　流動性						

圖 8-6　主要財務 KPI 完成情況

亮點：完成明顯超標，成長較明顯。對亮點指標點注即可，無須大幅度分析說明。

暗點：未完成目標，進度落後或比上期惡化的指標，對嚴重暗點要著重專項分析。

風險點：對目標完成情況存在影響的不確定因素，分析如同暗點。

預測是打通財務與業務關係的絕佳工具。預測讓財務分析的品質有了衡量標準。預測是考核導向在財務上的運用。

預測的目的：提高經營管理的前瞻性，最佳化資源配置結構，不斷調整經營方向，預見並規避風險。

第四節
經營分析「一報一會」機制

阿米巴經營分析的「一報一會」機制，是保障阿米巴經營模式落實的重要機制。

一、經營分析「一報一會」機制

報，即阿米巴經營分析報告；會，即經營分析報告質詢會。

在經營分析「一報一會」機制中，負責人是巴長，參與人員是上級巴長、上級經營團隊成員、本巴骨幹。

經營分析報告的編寫，主要由巴長、財務、業務線（銷售、生產、採購）一起完成。

主要報告人是巴長，可以說，經營分析是以巴長為中心的「第一負責人工程」。

二、建立經營分析模板

有效開展阿米巴經營分析，就要建立統一的經營分析模板，盡量利用OA等現有數據與報表系統，與現有表單管理機制結合，形成經營管理追蹤套表。

三、經營分析模板建構注意事項

　　阿米巴經營分析是最重要的工作，需要財務與業務共同參與，依託經營會計報表，模板化作業，目的是解決問題，無須面面俱到，參照標準，滾動預測，多種方法對照分析，形成 PDCA 循環管理思維。如圖 8-7 所示。

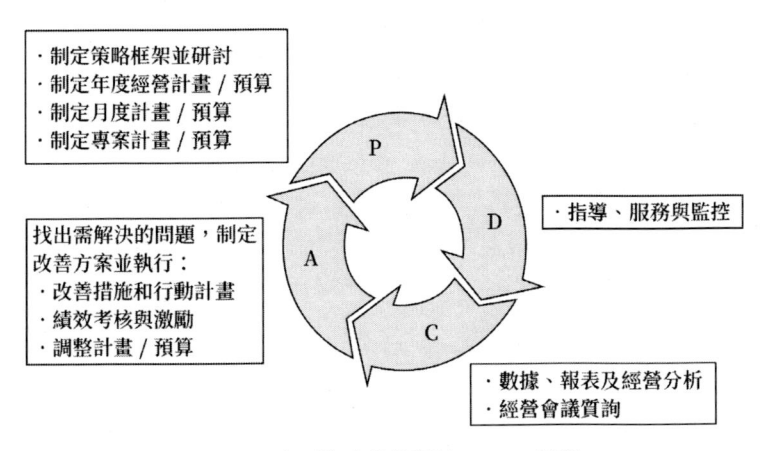

圖 8-7　公司策略與營運的 PDCA 循環

第五節
如何召開阿米巴經營會議

阿米巴經營總結會系統，包括總結會週期和總結會內容（見表 8-4）。

表 8-4　阿米巴經營總結會系統

總結會週期	1. 日例會：每天上班前和下班後進行總結 2. 週例會：對每一週的經營狀況進行總結 3. 月例會：對每個月的經營狀況進行總結
總結會內容	1. 按經營核算表的科目分別進行數據分析 2. 與目標進行比較，並進行與去年同期相比和與前期相比，找出經營差距 3. 形成各種改善方案，確定下階段工作重點、目標和計畫

注意：下級阿米巴分別召開完各巴經營分析會後，再召開公司經營分析會。

一、阿米巴經營會議目的

① 總結業績、制定計畫——形成 PDCA 工作循環。
② 貫徹策略、確立目標，傳遞企業高層經營管理決策。
③ 尋找原因、分析原因、制定對策，提升業務能力。
④ 培養經營管理人才（質詢、問題解決、經營意識）。
⑤ 統一意識，加強溝通，密切合作。

二、阿米巴經營會議原則

① 聚焦主題。以事實數據為基礎，對事不對人，不陷入細節討論。
② 不找藉口，不推卸責任。
③ 總結有分析，計畫有措施，關注持續改善。

三、業績追蹤與質詢系統

業績追蹤與質詢系統，是用事實與數據構築策略實施的基礎，構成一個完整的循環系統。

業績追蹤與質詢系統包括四大部分：數據蒐集、報表填寫、會議質詢、計畫更新。

四、阿米巴經營會議目標

阿米巴經營會議的目標包括業績分析與檢討、計畫制定兩部分，詳見表 8-5。

表 8-5 阿米巴經營會議目標

業績分析與檢討	計畫制定
分析結果：是否與目標達成一致。	制定計畫：部門目標與公司目標一致，部門關鍵行動措施可以保證計畫順利實施及達成部門目標與公司目標。
業績好嗎？	如何針對性改善？
檢討差距：有無與目標的對比分析，有無找到亮點和不足。	
什麼影響了業績？	

第八章　阿米巴經營分析及落實操作

五、阿米巴經營會議流程

阿米巴經營會議需要按不同系統、層級分別召開，具體流程見表8-6。

表8-6　阿米巴經營會議流程

序號	議程內容	責任人	時間
1	主持人介紹會議紀律、會議流程（含匯報順序），以及會議基本原則	主持人	
2	經營狀況整體匯報（分層、分類會議）	公司級：企管部經理；一級巴：巴長	
3	各下級阿米巴巴長按匯報順序逐一匯報，質詢人逐一對其報告進行質詢，會議祕書進行相關事宜記錄	匯報人／質詢人及相關人員	
4	其他相關補充		
5	會議祕書匯總會上質詢人發出的指示，並進行現場通報、確認		
6	質詢人進行會議總結		
7	主持人宣布會議結束		

六、阿米巴經營會議數據

阿米巴經營會議數據分輸入與輸出兩部分，輸入部分主要是會前的資料準備，輸出部分主要是會議結果，詳見表8-7。

表8-7　阿米巴經營會議數據

資料準備（輸入）	會議結果（輸出）
上月月度經營會計報表	會議紀要／報告
上月月度經營分析與檢討報告	改進措施或改善專案
本月月度經營計畫	本月月度經營計畫（修訂）

七、阿米巴經營會議角色

阿米巴經營會議角色主要有主持人、祕書,他們的任務包括以下幾點:

① 掌控時間:掌控會議的流程、時間。
② 掌控效果:尋找差距、分析原因、制定措施。
③ 掌控措施:這裡的措施包括改進措施、改善專案。
④ 掌控原則:質詢的原則。
⑤ 目標導向:關注會議方向是否偏離公司目標或公司重大舉措。公司關注什麼、鼓勵什麼,就檢查什麼!
⑥ 實事求是:關注經營狀況是否有業績報表系統支援。以事實和數據為基礎,以解決問題為目的,對事不對人。
⑦ 行動措施:會議結果是否關注改進措施和關鍵行動措施?不僅要質詢業績,還要關注下一階段的關鍵行動措施,並指定責任人。

■ 操作

會議角色演練質詢話術。

① 質詢業績。
② 質詢計畫。
③ 業績匯報(對於改進措施,匯報人應確立時間底線和階段性結果)。
④ 計畫匯報。
⑤ 主持開場:會議紀律、會議流程、會議原則。

第六節
阿米巴經營分析報告形成

阿米巴經營分析報告形成，要求財務理論業務化、財務語言通俗化、財務指標標準化、財務輸出模組化。模組化是經營分析輸出的基本要求。

阿米巴經營分析報告的具體要求：上級將自己的意圖直接說出來；交付格式統一，便於匯總；填表時直奔主題，下級省事；確立關注點，減少上級的無效閱讀。

一、阿米巴經營分析報告的關鍵事項

1. 目標完成情況（見表 8-8）

表 8-8　阿米巴經營分析報告的目標完成情況

類別	指標細項	目標值	實際值	差異值
財務／業務目標				
管理目標				

2. 重要事項開展情況

例如：重要客戶開發，重要專案進度。

3. 差異分析

找出重大差異項，分析原因，制定改善措施（見表 8-9）。

第六節　阿米巴經營分析報告形成

表 8-9　阿米巴經營狀況差異分析

序號	指標	目標值	實際值	差異值	原因分析	主要措施

4. 改善措施／行動計畫

制定下月計畫，匯總改善措施／行動計畫（見表 8-10）。

表 8-10　阿米巴經營改善措施／行動計畫

指標項目	上期實際數值	目標值	主要措施	行動計畫	進度安排 開始時間	進度安排 計劃完成時間	協助人	實際進展

二、經營會計週報表與經營分析會

操作流程：

1. 經營會計週報表的主要作用

記錄每週銷售收入及各支出科目的實際發生額；對比週報表中預先載明的收入及各支出科目可控費用的基準值，計算實際發生額與基準值之間的偏移。

第八章　阿米巴經營分析及落實操作

2. 阿米巴經營會計週報表填報

各阿米巴經營團隊週報表由本團隊自行填報，並在報表後附上當週經營分析報告。

3. 阿米巴經營會計週報表上傳

各一級經營團隊週報表及經營分析報告，於次週上傳公司資訊系統，以供各相關領導者和部門憑許可權讀取。

4. 經營團隊週報表模板

週報表模板見第七章成果 10。

5. 經營團隊週經營分析會

基層阿米巴經營團隊週經營分析例會每週召開一次，可利用班後時間進行；週經營分析例會由巴長主持，全員參加討論。

6. 週經營分析會內容

對照週報表中反映的上一週經營偏移值，總結正面的經驗，尋找不足的原因；針對差距制定改善措施，確立改善的重點；將改善措施落實責任到員工個人。

三、經營會計月報表與經營分析會

操作流程：

1. 阿米巴經營會計月報表的主要作用

透過經營會計月報表核算當月超額利潤；根據超額利潤以及提前規定的提獎比例，提取獎金；對照各主要科目的基準成本，核算當月實際成本的正負偏移，為經營分析提供依據。

2. 阿米巴經營會計月報表填報

各阿米巴經營團隊月報表由本團隊自行填報，並附上本團隊月度經營分析報告。

3. 阿米巴經營會計月報表上傳

一級阿米巴經營團隊在下月完成本團隊月報表，提交企畫部；企畫部在下月完成各阿米巴經營團隊月報表的稽核，回饋給提交團隊，並將最終報表及經營分析報告上傳公司資訊系統，供相關領導者和部門憑許可權讀取。

4. 經營團隊月報表模板

月報表模板見第七章成果 10。

5. 經營團隊月經營分析會

各經營團隊月經營分析會每月召開一次。經營分析會遵循由下而上的原則，逐層召開。經營分析會由各阿米巴經營團隊負責人主持。基層經營團隊分析會由各團隊全員或骨幹員工參加，上級經營團隊分析會由各下級機構負責人參加，必要時可邀請巴外相關部門人員參加研討。

6. 經營團隊月經營分析會的主要內容

聽取下級機構本月工作報告，分析本團隊本月超額利潤實現情況；集思廣益，尋找不足，研討改善措施，形成實施方案；將實施方案形成行動計畫，分解到員工個人；做出月度經營分析報告，呈報給相關領導者。

7. 公司經營分析會

公司阿米巴經營分析會每月召開一次。公司經營分析會由企畫部主持，公司經營委員會領導者參加會議。

8. 公司經營分析會內容

聽取各一級經營團隊經營分析報告；研討主要問題的解決措施，特別是對跨部門問題達成共識。

9. 公司經營分析會結果

公司企劃部做出〈公司阿米巴月度經營分析報告〉，上傳公司資訊系統。

■ 成果 12 經營分析成果輸出

① 經營分析臺帳報表
② 經營分析報告模板
③ 經營分析會

■ 操作

編寫經營分析報告

1. 框架建構研討

包含計畫表、銷售分析、專案成本分析、銷售完成情況分析、資金計畫。

2. KPI 分析

包含收入、收回款項、進度、成本控制、品牌。

分析 1：從專案收支計畫表分析什麼？

資金流入 + 資金流出 = 資金餘額

應分析的關鍵科目

分析 2：收入完成情況分析。

分析 3：專案成本費用分析。

業務進度與支出進度匹配、預算與實際差額，科目重點：關注可控。

分析 4：業務進度。

業務進度對比、障礙點與對策；費用計畫與實際；業務績點費用投放統計、與阿米巴目標對比。

分析 5：小組分析。

① 依照模板，確定每個經營會計報表需要分析的關鍵指標。
② 建立指標分析方法，模板化。
③ 確定模板建構人員，完成模板建構。

盈利新思維，阿米巴模式的科學管理法：

內部交易 × 成本分攤 × 報表管理……運用數據驅動決策，打造靈活高效的管理體系

作　　　者：	胡八一
發　行　人：	黃振庭
出　版　者：	沐燁文化事業有限公司
發　行　者：	崧燁文化事業有限公司
E - m a i l：	sonbookservice@gmail.com
粉　絲　頁：	https://www.facebook.com/sonbookss
網　　　址：	https://sonbook.net/

地　　　址：台北市中正區重慶南路一段61號8樓
8F., No.61, Sec. 1, Chongqing S. Rd., Zhongzheng Dist., Taipei City 100, Taiwan

電　　　話：(02)2370-3310
傳　　　真：(02)2388-1990

印　　　刷：京峯數位服務有限公司
律師顧問：廣華律師事務所 張珮琦律師

-版權聲明-
本書版權為中國經濟出版社所有授權沐燁文化事業有限公司獨家發行電子書及繁體書繁體字版。若有其他相關權利及授權需求請與本公司聯繫。
未經書面許可，不可複製、發行。

定　　　價：420 元
發行日期：2025 年 03 月第一版
◎本書以 POD 印製

國家圖書館出版品預行編目資料

盈利新思維，阿米巴模式的科學管理法：內部交易 × 成本分攤 × 報表管理……運用數據驅動決策，打造靈活高效的管理體系 / 胡八一 著. -- 第一版 . -- 臺北市：沐燁文化事業有限公司，2025.03
面；　公分
POD 版
ISBN 978-626-7628-66-9(平裝)
1.CST: 企業經營 2.CST: 企業管理
494　　　114001850

電子書購買

爽讀 APP　　　臉書